浙江省十一五重点教材建设项目
高职高专农林牧渔类工学结合系列教材

园林规划设计

巢新冬　周丽娟　主编

ZHEJIANG UNIVERSITY PRESS
浙江大学出版社

图书在版编目（CIP）数据

园林规划设计 / 巢新冬，周丽娟主编. —杭州：浙江大学出版社，2012. 6（2015. 6重印）

ISBN 978-7-308-09867-0

I. ①园… II. ①巢… ②周… III. ①园林-规划-高等职业教育-教材②园林设计-高等职业教育-教材 IV. ①TU986

中国版本图书馆CIP数据核字（2012）第068321号

园林规划设计

巢新冬　周丽娟　主编

责任编辑　杜玲玲
封面设计　春天书装
出版发行　浙江大学出版社
（杭州市天目山路148号　邮政编码310007）
（网址：http：//www.zjupress.com）
排　　版　浙江时代出版服务有限公司
印　　刷　浙江省邮电印刷股份有限公司
开　　本　787mm×1092mm　1/16
印　　张　13.5
字　　数　312千
版 印 次　2012年6月第1版　2015年6月第2次印刷
书　　号　ISBN 978-7-308-09867-0
定　　价　54.00元

浙江大学出版社发行部联系方式（0571）88925591；http://zjdxcbs.tmall.com

本书编写组成员

主　编　巢新冬（嘉兴职业技术学院）

　　　　　周丽娟（嘉兴职业技术学院）

副主编　鲍亚元（嘉兴职业技术学院）

　　　　　黄超群（嘉兴职业技术学院）

　　　　　杨京燕（台州科技职业技术学院）

参　编　金建红（温州科技职业技术学院）

　　　　　李佳红（嘉兴职业技术学院）

　　　　　周　金（嘉兴园林设计研究院）

　　　　　吴普英（杭州蒲公英园林设计有限公司）

审　稿　李寿仁（杭州市园林绿化工程有限公司）

前　言

工学结合人才培养模式作为高等职业院校人才培养的重要模式之一已经得到广泛认同，专业人才培养目标最终要通过具体专业课程来实现，不同专业设置本质上对应的就是不同专业课程体系的设置。因此，“工学结合一体化课程”的开发与实践是培养高素质、高技能应用型人才的核心，而“工学结合一体化教材”的开发则是工学结合课程开发与实践的“重中之重”。

“工学结合一体化课程”是将理论学习和实践学习结合成一体的课程，其核心特征是“理论学习和实践学习相结合，促进学生认知能力发展和建立职业认同感相结合，科学性与实用性相结合，符合职业能力发展规律与遵循技术和社会规范相结合，学校教育和企业实践相结合”。简而言之，“学习的内容是工作，通过工作实现学习，即工作和学习是一体化的”，“工学结合一体化教材”也应该体现“工作和学习的一体化”的指导原则。

2006年12月，劳动和社会保障部颁发了第十五批国家职业标准目录（劳社厅发[2006]33号），其中“景观设计师（职业编码X2-02-21-10）”作为新职业首次亮相，引起强烈反响。“景观设计师”的职业定义为“运用专业知识及技能，从事景观规划设计、园林绿化规划建设和室外空间环境创造等方面工作的专业设计人员”。从事的工作主要包括景观规划设计、园林绿化规划建设、室外空间环境创造、景观资源保护等。根据条件确定职业资格级别，包括景观设计员、助理景观设计师（具有以高级技能为培养目标的职业技术学院本专业或相关专业毕业证书）、景观设计师、高级景观规划设计师四种。

中国园林根植于中国文化的土壤之中，形成了独具一格的园林艺术，以自然山水为主体，充分尊重自然，大胆利用自然，“妙极自然，宛自天开”的艺术境界被世人认可。素有“世界园林之母”的美誉。“虽由人作，宛自天开”，“巧于因借，精在体宜”可谓中国造园理论之精髓。随着“园林城市”、“生态园林城市”、“森林城市”等的出现，园林有了新的内涵和任务。因此，一名合格的园林景观规划设计师（风景园林师），不仅要全面了解风景园林理论体系，同时也要熟悉和掌握技能操作，编印“工学结合一体化”园林规划设计教材已迫不及待。

本教材编写以“工学结合一体化”为根本指导方针，遵循学生认知能力发展和建立职业认同感相结合，教材内容紧跟时代，摈弃传统教材的章节安排模式，以学习情境为编写单位，将“园林规划设计”这一工作领域划分为七个学习情境加以编排，每个学习情境内按照任务单、咨询单、信息单、计划单、决策单、材料工具清单、实施单、评价单、教学反馈单的顺序进行编排，更加符合高职学生的认知规律，促进学生园林规划设计能力的提升。

本教材编写分工如下：巢新冬、金建红负责编写“学习情境1　道路绿地规划设计”；周丽娟、巢新冬编写“学习情境2　广场规划设计”；黄超群、周金负责编写“学习情境3　居住区绿地规划设计”；鲍亚元、周金负责编写“学习情境4　单位附属绿地规划设计”；杨京燕、周丽娟、吴普英负责编写“学习情境5　屋顶花园规划设计”；李佳红、周丽娟、吴普英负责编写“学习情境6　公园绿地规划设计”；鲍亚元、周金负责编写“学习情境7　观光农业园（区）规划设计”。

在教学计划安排中，建议将“园林规划设计”课程列为园林技术、园林工程技术、环境艺术设计、观光农业等相关专业的核心课程，一个学期共96学时将本课程讲授完成，其中集中训练1～2周，分组分教学内容完成一个规划设计方案后进行汇报总结。

由于编者水平有限，书中疏漏、错误及不足之处在所难免，盼望专家学者及广大读者给予批评指正。

本教材在编写过程参考了大量文献和图书资料，在此向所有参考文献的作者表示衷心感谢！

编　者

2012年4月

目录

学习情境4　单位附属绿地规划设计

学习情境5　屋顶花园规划设计

学习情境6　公园绿地规划设计

学习情境7　观光农业园（区）规划设计

学习情境1

道路绿地规划设计

任务单

【学习领域】

园林规划设计

【学习情境1】

道路绿地规划设计

【学时】

30

【布置任务】

学习目标：

通过对道路绿化景观设计的讲解，使学生具有能综合所学的知识对道路绿地的规划形式、景观要素进行合理布置的设计能力，并使设计达到实用性、科学性与艺术性的完美结合。主要知识点包括：

1. 了解城市道路的基本术语。

2. 掌握城市道路绿地设计基本理论。

3. 能进行城市道路绿地规划设计（分车绿带、路侧绿地、交通岛绿地、滨河绿地、街头小游园绿地、对外交通绿地等）。

任务描述：

综合运用所学的知识对给定的道路绿化建设项目进行规划设计，呈交一套完整的设计文件（设计图纸和设计说明）。

所有图纸的图面要求表现力强，线条流畅、构图合理、清洁美观，图例、文字标注、图幅等符合制图规范。设计图纸包括：

1. 道路绿地设计总平面图。表现各种造园要素（如山石水体、园林建筑与小品、园林植物等）。要求功能分区布局合理，植物配置季相鲜明。

2. 透视或鸟瞰图。手绘道路绿地实景，表现绿地中各个景点、各种设施及地貌等。要求色彩丰富、比例适当、形象逼真。

3. 园林植物种植设计图。表示设计植物的种类、数量、规格、种植位置及类型和要求的平面图样。要求图例正确、比例合理、表现准确。

4. 局部景观表现图。用手绘或者计算机辅助制图的方法表现设计中有特色的景观。要求特点鲜明，形象生动。

设计说明语言流畅、言简意赅，能准确地对图纸补充说明，体现设计意图。

【学时安排】

资讯8学时，计划2学时，作业12学时，决策4学时，评价4学时。

【参考资料】

1．王浩.道路绿地景观规划设计.南京：东南大学出版社，2000

2．《城市绿地分类标准》（CJJ/T85－2002）.北京：中国建筑工业出版社，2002

3．赵建民.园林规划设计.北京：中国农业出版社，2001

4．杨赉丽.城市绿地规划设计.北京：中国林业出版社，1995

5．董晓华.园林规划设计.北京：高等教育出版社，2005

6．周初梅.园林规划设计.重庆：重庆大学出版社，2006

7．曹仁勇，章广明.园林规划设计.北京：中国农业出版社，2009

8．王绍增.城市绿地规划.北京：中国农业出版社，2005

9．黄东兵.园林绿地规划设计.北京：高等教育出版社，2006

10．张国强，贾建中.风景园林设计——中国风景园林规划设计作品集.北京：中国建筑工业出版社，2005

11．专业园林设计师协会：Association of Professional Landscape Designers

资 讯 单

【学习领域】

园林规划设计

【学习情境1】

道路绿地规划设计

【学时】

8

【资讯方式】

在图书馆、专业刊物、互联网络及信息单上查询问题及资讯任课教师。

【资讯问题】

1. 专用术语解释。
2. 城市道路的分类有哪些?
3. 城市道路绿地系统的类型有哪些?请举例说明。
4. 简述城市道路绿地类型,并结合当地城市道路绿地进行说明。
5. 城市道路横断面布置形式有哪些?各自有何优缺点?
6. 城市道路绿带设计有哪些内容?
7. 请分析当地行道树设计形式、种植方式、定干高度、株距和树种选择等。
8. 交通岛绿地设计的要点有哪些?
9. 简述分车绿带的种植方式。
10. 如何布置林荫道的绿化?
11. 如何规划设计街道小游园?
12. 请讨论对外交通绿地规划设计要点。

【资讯引导】

1. 查看参考资料。
2. 分小组讨论,充分发挥每位同学的能力。
3. 相关理论知识可以查阅信息单上的内容。
4. 对当地城市道路绿地现状要进行实地踏查,拍摄照片、手绘现状图等,通过各种可能的方法搜集相关资料。

信 息 单

【学习领域】

园林规划设计

【学习情境1】

道路绿地规划设计

【学时】

6

【信息内容】

城市道路绿化将市区内外的公共绿地、居住区绿地、专用绿地等各类绿地串联起来，形成一个完整的绿地系统网络。道路绿地主要指城市街道绿地、穿过市区的公路、铁路和高速干道的防护绿带。道路绿化在我国具有悠久的历史，我们的祖先很早就开始在路边种树，有了道路绿化的意识。秦始皇统一天下后，就命令在所有街道旁都要种上树，地方官吏就遵旨在他出巡行进的道路上，清水泼街，黄土垫道，在道路两侧种植树木。北京作为六朝古都，早在元朝建大都之时，就在“市”的道路两旁种植树木；随着“三海”水系的形成，在河岸路旁也植了树，初步有了绿化与湖光山色相辉映、游乐与园林景观相交融的景色。栽植树木不仅给道路增加了艺术感染力，而且丰富了道路的园林景观。

1. 道路绿化的意义和作用

kevin Lych 在《城市意象》一书中把构成城市意象的要素分为五类，即道路、边沿、区域、结点和标志，并指出道路作为第一构成要素往往具有主导性，其他环境要素都要沿着它布置并与它相联系。从物质构成关系来说，道路可以看做城市的“骨架”和“血管”；从精神构成关系来说，道路又是决定人们关于城市印象的首要因素。正如美国作家简•雅各布斯曾在《美国大城市的生与死》一书中所说的那样：“当我们想到一个城市时，首先出现在脑海中的就是街道。街道有生气，城市也就有生气；街道沉闷，城市也就沉闷。”

街道不仅仅是连接两地的通道，还是人们公共生活的舞台，是城市人文精神要素的综合反映，是一个城市历史文化延续变迁的载体和见证，是一种重要的文化资源，构成区域文化表象背后的灵魂要素，上海浦东的世纪大道、南京东路步行街、外滩滨江路景区、苏州观前步行街都是成功的范例。因此，加强道路建设，讲究道路空间的艺术设计，追求“骨架”与整体的平衡和谐，是完善城市功能，提高城市品位的有效途径。

城市绿化是现代城市文明程度的标志之一，随着全球环境意识的提高，在大力发展城市经济建设的同时，保护和改善城市环境，已成为人们极为关注的一个焦点，有关专家更就此提出了“21世纪的城市与绿色并存”的观点。

近年来，全国各城市都加大了园林绿化力度，争创园林绿化先进城市，各省市园林部门更是纷纷把创“国家园林城市”作为重要任务，而道路绿化作为城市的“脸面”工程更是重中之重，它对改变城市面貌、美化环境、减少环境污染、保持生态平衡、防御风沙与火灾等都有重要作用，并有相应的社会效益与经济效益。

2. 城市道路绿地设计专用术语

如图1-1所示为道路绿地名称。

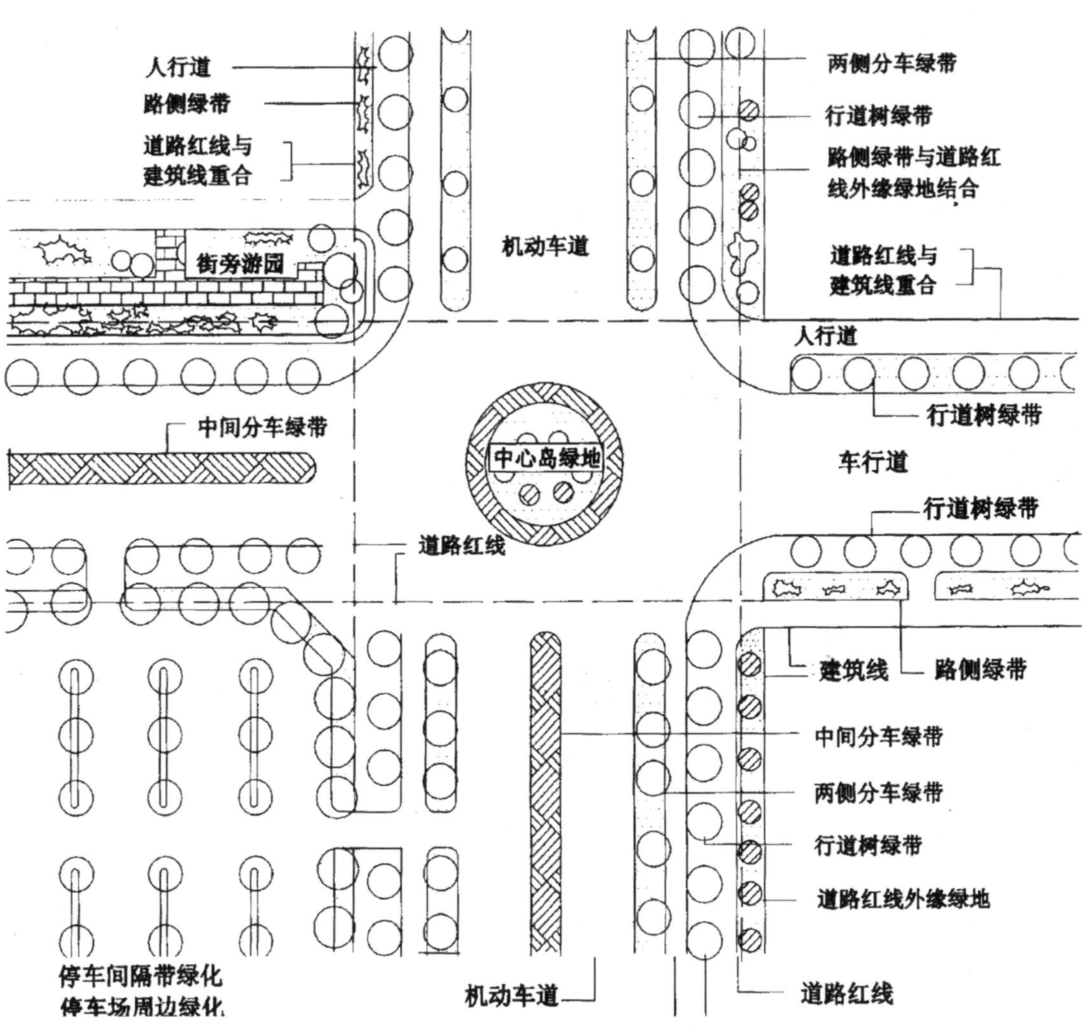

图1-1　道路绿地名称示意图

（1）道路红线：在城市规划图纸上划分的建筑用地与道路用地的界线，常以红色线表示，故称道路红线。道路红线是街面或建筑范围的法定界线，是线路划分的重要依据。

（2）道路绿地：道路及广场用地范围内的可进行绿化的用地。道路绿地分为道路绿带、交通岛绿地、广场绿地和停车场绿地。

（3）道路绿带：道路红线范围内的带状绿地。道路绿带分为分车绿带、行道树绿带和路侧绿带。

（4）分车绿带：车行道之间可以绿化的分隔带，其位于上下行机动车道之间的为中间分车绿带；位于机动车道与非机动车道之间或同方向机动车道之间的为两侧分车绿带。

（5）行道树绿带：布设在人行道与车行道之间，以种植行道树为主的绿带。

（6）路侧绿带：在道路侧方，布设在人行道边缘至道路红线之间的绿带。

（7）交通岛绿地：可绿化的交通岛用地。交通岛绿地分为中心岛绿地、导向岛绿地和立体交叉绿岛。

（8）中心岛绿地：位于交叉路口上可绿化的中心岛用地。

（9）导向岛绿地：位于交叉路口上可绿化的导向岛用地。

（10）立体交叉绿岛：互通式立体交叉干道与匝道围合的绿化用地。

（11）广场、停车场绿地：广场、停车场用地范围内的绿化用地。

（12）道路绿地率：道路红线范围内各种绿带宽度之和占总宽度的百分比。

（13）园林景观路：在城市重点路段，强调沿线绿化景观，体现城市风貌、绿化特色的道路。

（14）通透式配置：绿地上配植的树木，在距相邻机动车道路面高度0.9～3.0m的范围内，其树冠不遮挡驾驶员视线的配置方式。

（15）安全视距：当司机发觉交会车辆立即刹车而刚够停车的最小距离称为安全视距。以此视距在交叉口上组成的三角形为视距三角形。

（16）道路总宽度：道路总宽度也叫路幅宽度，即规划建筑线（道路红线）之间的宽度。道路总宽度是道路用地范围，包括横断面各组成部分用地的总称。

3. 城市道路系统的基本类型及分类

3.1 城市道路系统的基本类型

城市道路系统是城市的骨架，它是城市结构布局的决定因素。而城市道路系统的形式是在一定的社会条件、城市建设条件及当地自然环境下，为满足城市交通及其他各种要求而形成的。道路系统可归纳为5种类型（表1-1，图1-2～1-7）。

表1-1　城市道路系统的基本类型

道路系统	基本要点
放射环形	是由一个中心经过长期逐渐发展而形成的一种城市道路网的形式。特点是车流将集中于市中心，特别是大城市的中心。不足是交通较复杂，易造成拥挤现象。

续表

道路系统	基本要点
棋盘式	也称方格形道路系统，是把城市用地分割成若干方正的地段。特点是系统明确，便于建设。不足是容易形成单向过境车辆多的现象。适用于地势平坦的平原地区的中小城市。
方格对角线	是在方格形道路系统的基础上改进而成，解决了交通的直通问题。不足是对角线所产生的锐角对于布置建筑用地是不经济的，同时增加了交叉路口的复杂性。
混合式	是前三类的混合，并结合各城市的具体条件进行合理规划，可以扬长避短。比较适用的好形式。
自由式	多在地形条件复杂的城市中，能满足城市居民对于交通运输的要求，便于组织交通，结合地形变化，路线多弯曲自由布局，具有丰富的变化。但要有组织、有规律地合理规划。

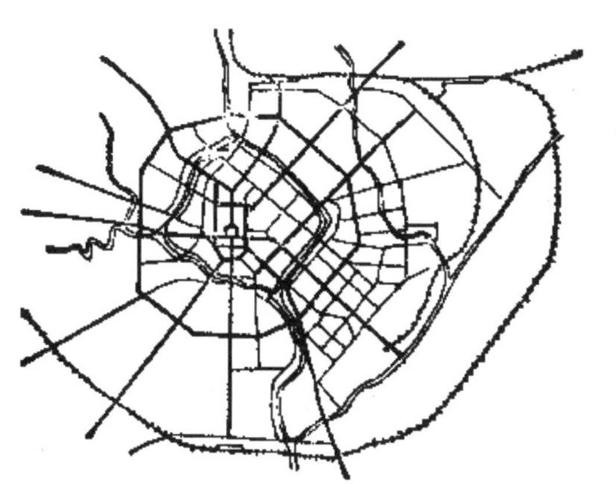

图1-2　环形放射道路网（成都市）

图1-3　放射形道路网（长春市）

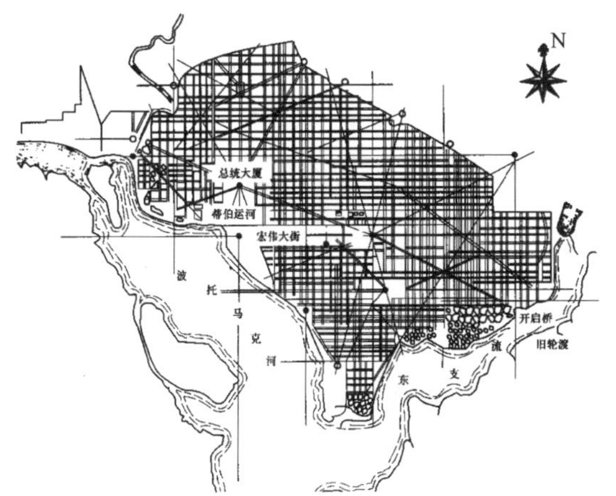

图1-4　棋盘式道路网（美国华盛顿市）

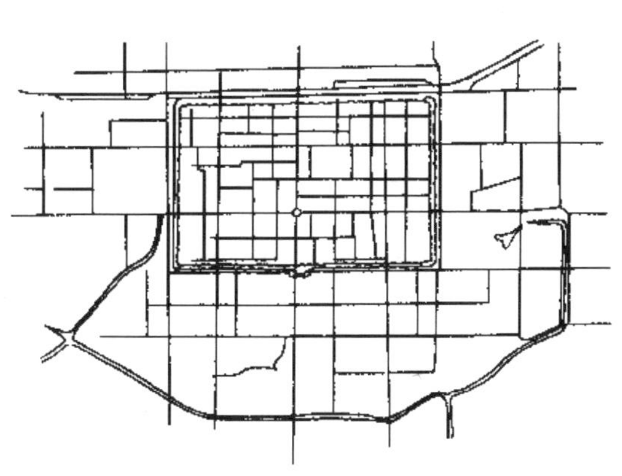

图1-5　方格形道路网（西安市）

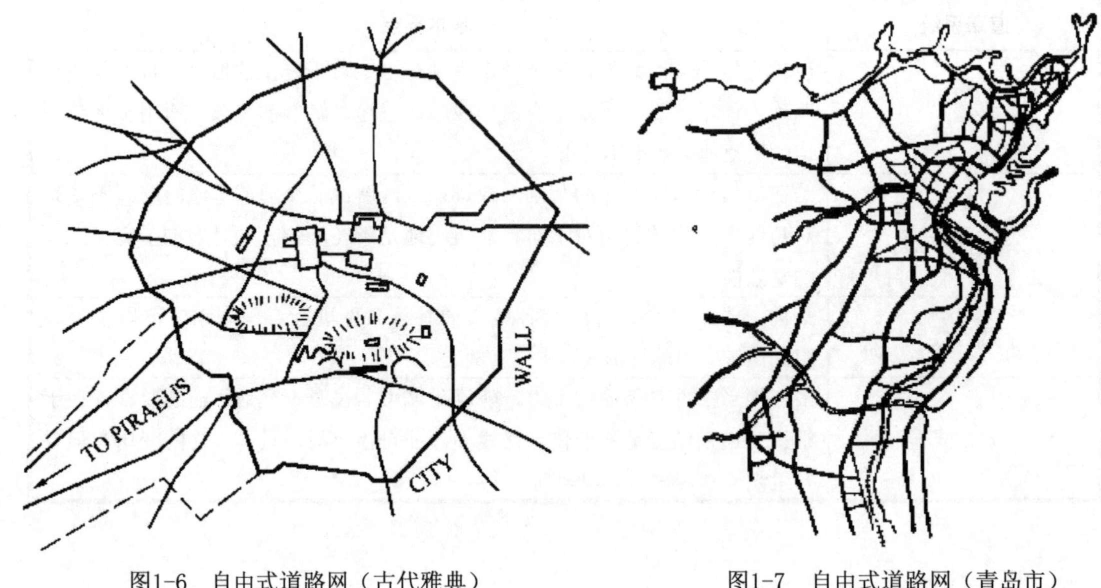

图1-6　自由式道路网（古代雅典）　　图1-7　自由式道路网（青岛市）

3.2 城市道路的分类

城市道路是多功能的，以交通功能占重要地位，为确保交通安全，对不同性质、速度的交通实行分流。不同规模的城市，交通量有很大的差异。大城市将城市道路分为快速路、主干路、次干路、支路四级（表1-2），中等城市分为主干路、次干路、支路三级，以步行和自行车为主要出行活动的小城镇可分干路和支路二级。

表1-2　城市道路分类

道路类型	要点	设计行车速度（km/h）
快速路	城市道路中设有中央分隔带，具有四条以上机动车道，全部或部分采用立体交叉与控制出入，供汽车以较高速度行驶的道路，又称汽车专用道。	60～80
主干路	连接城市各分区的干路，以交通功能为主。主干路上的机动车与非机动车分道行驶，两侧不宜设置公共建筑出入口。	40～60
次干路	是城市中数量最多的交通道路，承担主干路与各分区间的交通集散作用，兼有服务功能。次干路两侧可设置公共建筑物及停车场等。	40
支路	是次干路与街坊路（小区路）的连接线，以服务功能为主。可满足公共交通线路行驶的要求，也可作自行车专用道。	30

4. 城市道路绿地类型及绿地率指标

4.1 城市道路绿地类型

道路绿地是城市道路环境中的重要景观元素。城市道路的绿化以“线”的形式使城市绿地连成一个整体，可以美化街景，衬托和改善城市面貌。根据不同的种植目的，城市道路绿地可分为景观栽植与功能栽植两大类。

4.1.1 景观栽植

从城市道路绿地的景观角度出发，从树种、树形、种植方式等方面来研究绿化与道路、建筑协调的整体艺术效果，使绿地成为道路环境中有机组成的一部分。景观栽植主要是从绿地的景观角度来考虑栽植形式，可按表1-3分类。

表1-3 城市道路绿地景观栽植类型

序号	栽植类型	栽植要点	景观特色
1	密林式	沿路两侧浓茂的树林，主要以乔木为主，配以灌木和地被植物。一般在城乡交界、环绕城市或结合河湖处布置。沿路栽植一般在50m以上，多采用自然式种植，可结合丘陵、河湖布置，容易适应周围地形环境特点。	尤其在夏季浓荫密布，具有良好的生态效果。
2	自然式	模拟自然景色，比较自由，主要根据地形与环境来决定。用于街头小游园、路边休息场所等的建设。能很好地与附件景观配合，增强了街道的空间变化。但在路口拐弯处的一定距离内要减少或不种乔灌木以免妨碍司机视线。	沿街在一定宽度内布置自然树丛，树丛由不同植物种类组成，具有高低、浓密和各种形体的变化，形成生动活泼的气氛。
3	花园式	沿道路外侧布置成大小不同的绿化空间，有广场、绿荫，并设置必要的园林设施和园林建筑小品，供行人和附近居民逗留小憩和散步。	花园式布局灵活、用地经济，具有一定的使用性和绿化功能性。
4	田园式	道路两侧的园林植物都在视线下，大多种植草坪，空间全面敞开。在郊区直接与农田、菜园相连；在城市边缘也可与苗圃、果园相邻。主要用于城市公路、铁路、高速干道的绿化。	形式开朗、自然，富有乡土气息，视线开阔，交通流畅。
5	滨河式	道路的一面临水，空间开阔，环境优美，是市民游憩的良好场所。在水面不十分宽阔，对岸又无风景时，滨河绿地可布置得较为简单，树木种植成行成排，沿水边就设置较宽的绿地，布置游步道、草坪、花坛、座椅等园林设施和园林小品。	游步道应尽量靠近水边，或设置小型广场和临水平台，满足人们的亲水感和观景要求。
6	简易式	沿着两侧各种植一行乔木或灌木，形成“一条路，两行树”的形式。	它在街道绿地中是最简单、最原始的形式。

总之，由于交通绿地的绿化布局取决于道路所处的环境、道路的断面形式和道路绿地的宽度，因此在城市中进行绿化布局时，要根据实际情况，因地制宜地进行绿化布置，才能取得理想效果。

4.1.2 功能栽植

功能栽植是通过绿化栽植来达到功能上的效果。但道路绿化的功能并非唯一的要求，不论采取何种形式都应考虑视觉上的效果，并成为街景艺术的组成部分（表1-4）。

表1-4 城市道路绿地功能栽植类型

栽植类型	栽植要点
遮蔽栽植	把视线的某一个方向加以遮挡。
遮阴栽植	遮阴树的种植改善道路环境，尤其夏天降温效果十分显著。
装饰栽植	通常用在建筑用地周围或道路绿化带、分隔带两侧作局部的间隔与装饰之用。作为界线的标志，防止行人穿过、遮挡视线、调节通风、防尘等。
地被栽植	使用地被栽植覆盖地表，如草坪等，可以防尘、防土、防止雨水对地表的冲刷，在北方还有防冻作用。
其他	如防噪声栽植，防风、防雨栽植等。

4.2 城市道路绿地率指标

按《城市道路绿化规划与设计规范》（CJJ75-1997）的相关规定和原则，道路绿地率应符合下列规定：园林景观路绿地率不得小于40%；红线宽度大于50m的道路绿地率不得小于30%；红线宽度在40～50m的道路绿地率不得小于25%；红线宽度小于40m的道路绿地率不得小于20%。

5. 城市道路绿地规划设计

城市道路绿化是城市道路的重要组成部分，在城市绿化覆盖率中占较大比例。道路绿化不仅改善道路环境，而且也是城市景观风貌的重要体现。

5.1 基本原则

为发挥道路绿化在改善城市生态环境和丰富城市景观中的作用，避免绿化影响交通安全，保证绿化植物的生存环境，使道路绿化规划设计规范化，提高道路绿化规划设计水平，在规划设计时应遵循以下几点：

（1）道路绿地要求与城市道路的性质、功能相适应。

（2）道路绿地应充分发挥生态功能。

（3）体现道路景观特色。

（4）合理布局道路绿地。

（5）确定道路绿地率。

（6）选择适宜的园林植物，形成优美稳定的城市道路景观。

（7）应远近期结合。

在城市绿地系统中，园林景观路应配置观赏价值高、有地方特色的植物，并与街景结合；主干路应体现城市道路绿化景观风貌；同一道路的绿化宜有统一的景观风格，不同路段的绿化形式可有所变化；同一路段上的各类绿带，在植物配置上应相互配合，并应协调空间层次、树形组合、色彩搭配和季相变化的关系；毗邻山、河、湖、海的道路，其绿化应结合自然环境，突出自然景观特色。

种植乔木的分车绿带宽度不得小于1.5m；主干路上的分车绿带宽度不宜小于2.5m；行道树绿带宽度不得小于1.5m；主、次干路中间分车绿带和交通岛绿地不得布置成开放式绿地；路侧绿带宜与相邻的道路红线外侧其他绿地相结合；人行道毗邻商业建筑的路段，路侧绿带可与行道树绿带合并；道路两侧环境条件差异较大时，宜将路侧绿带集中布置在条件较好的一侧。

5.2 城市道路横断面布置形式

垂直于城市道路中心线的剖面称为道路横断面，它反映路型和宽度特征。常用的布置形式有表1-5所示的几种。

表1-5 城市道路绿化横断面布置形式

图号	布置形式	特征	优点	缺点	备注
图1-8	一版二带式	在车行道两侧人行道绿带上种植行道树。	简单整齐，用地经济，管理方便。	当车行道宽时，行道树的遮阴效果较差；机动车与非机动车混杂，交通管理难。	这是道路绿地中最常用的一种形式。
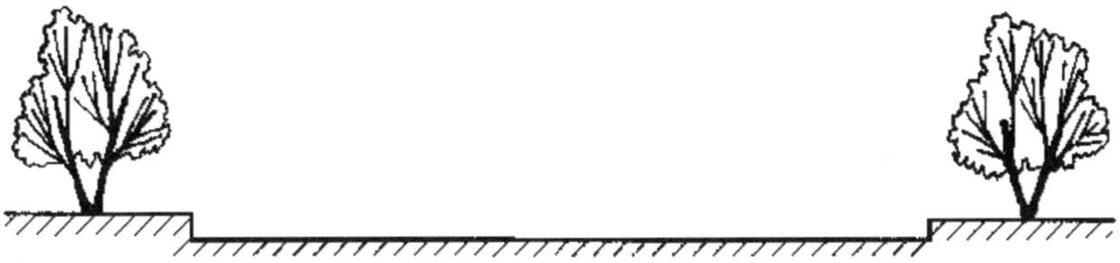					
图1-9	二版三带式	在上面布置形式的基础上，再分隔单向行驶的两条车行道中间绿化。	解决了对向车流相互干扰的矛盾，且生态效益较好，景观较好。	机动车辆与非机动车辆混合行驶的安全隐患较大。	多用于高速公路和入城道路。
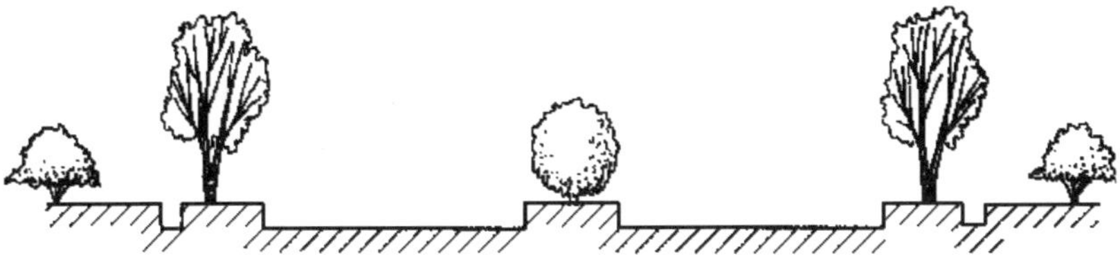					

续表

图号	布置形式	特征	优点	缺点	备注
图1-10	三版四带式	利用两条分隔带把车行道分成三块，中间为机动车道，两侧为非机动车道，连同行道树共为四条绿带。	绿化量大，夏季遮阴效果较好，组织交通方便，安全可靠，解决了各种车辆混合干扰的矛盾。	占地面积大。	是城市道路绿地较理想的形式。
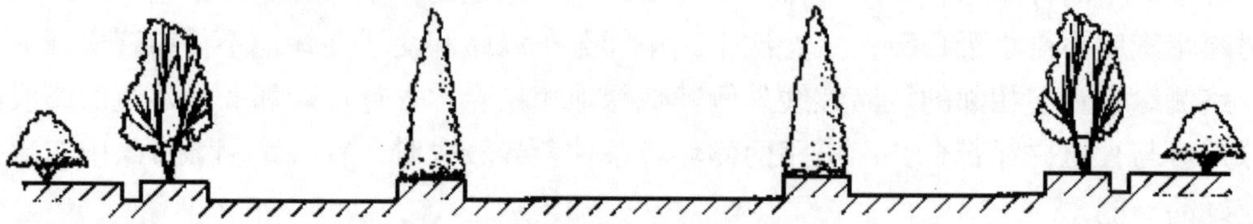					
图1-11	四版五带式	利用三条分隔带将车道分为四条，共五条绿化带。	机动车与非机动车各行其道，互不干扰，保证行车速度和安全。	用地面积大，建设投资高。	如果道路宽度不宜布置五带，则可用栏杆分隔。
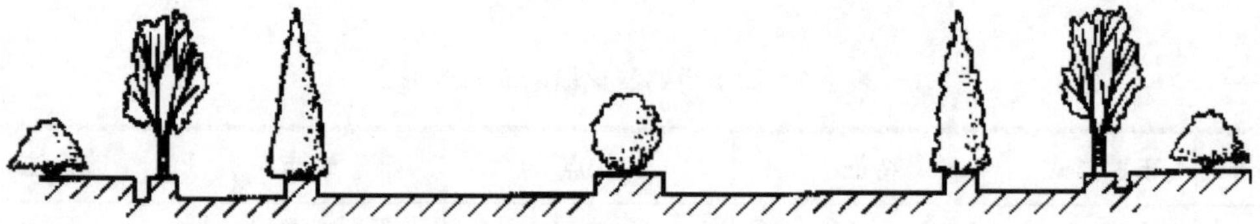					
其他形式		利用现状和地形的限制，按道路所处地理位置、环境条件特点，因地制宜设置绿带，形成不规则不对称的断面形式。如山坡道路、水边道路的绿化等。			

5.3 城市道路绿地设计

城市道路绿地种植设计包括分车绿带的设计、交叉路口、交通岛绿地设计、人行道绿化带、花园林荫路、街头小游园等部分。

5.3.1 分车绿带的设计

在分车绿带上进行绿化，称为分车绿带，也称为隔离绿带。在车行道上设立分车带的目的是将人流与车流分开，机动车与非机动车分开，保证不同速度的车辆安全行驶。分车带的宽度，依车行道的性质和街道总宽度而定，高速公路分车带的宽度可达5～20m，一般也要4～5m，但最低宽度也不能小于1.5m。

分车带以种植草皮与灌木为主，尤其在高速干道上的分车带更不应该种植乔木，以使司机不受树影、落叶等的影响，以保持高速干道行驶车辆的安全。在一般干道的分车带上可以种植70cm以下的绿篱、灌木、花卉、草皮等。

另外为了便于行人过街，分车带应进行适当分段，一般以75～100m为宜，尽可能与人行横道、停车站、大型商店和人流比较集中的公共建筑出入口相结合。

5.3.1.1 分车绿带的植物种植方式

①封闭式种植。在分车带上种植绿篱或密植花灌木，造成以植物封闭分车带的境界，可以起到绿色隔墙的作用，阻挡行人穿越。这种封闭式分车绿带适合于中间分车绿带和车速快的交通干道两侧分车绿带。②开敞式种植。在分车带上种植草皮、花卉、稀植低矮灌木或较大株行距的高干大乔木，以达到开朗、通透的效果。这种分车绿带适合于机动车道与非机动车道之间的两侧分车绿带。

5.3.1.2 分车绿带的植物配置

①分车绿带的植物配置应以花卉或灌木与草坪或地被植物相结合，不裸露土壤，避免尘土飞扬。要适地适树，符合植物间适生的生态习性。不适宜绿化的土壤要进行改良。②确定园林景观路和主干路分车绿带的景观特色。③同一路段分车绿带的绿化要有统一的景观风格，不同路段的绿化形式要有所变化。④同一路段各条分车绿带在植物配置上应多样统一，既要在整体风格上协调统一，又要在植物种类、空间层次、色彩搭配和季相上变化多样（表1-6）。

表1-6 分车绿带植物配置形式

植物配置形式	绿带宽度	特征
草坪和花卉	1.5m以下	如堪培拉市、柏林马克思大街分车带上土层瘠薄，国外使用较多。
乔木为主，配以草坪	1.5～2.5m	成行种植高大的乔木，雄伟壮观，遮阴效果好。
乔木和常绿灌木	2.5～6m	乔木与灌木间种，有节奏感和韵律感，有季相变化。
常绿乔木配以草坪、草花、绿篱和灌木	6m以上	植物层次丰富，四季常绿，季相景观效果丰富。

5.3.2 交叉路口、交通岛绿地设计

交叉路口是指平面交叉路口，即两条或者两条以上道路在同一平面相交的部位。这里的道路，就是指《道路交通安全法》附则中解释的所有道路，包括城市道路、胡同、里巷和公路。但是，胡同、里巷与城市街道两侧人行道平面相交不属于交叉路口；公路与未列入公路范围的乡村小路的平面交叉点，也不属于交叉路口；铁路与道路平面交叉的也不属于这里规范的交叉路口。对于铁路道口的机动车通行，《道路交通安全法》和《道路交通安全法实施条例》则有专门规定（表1-7）。

表1-7 通过路口设计车速与停车视距关系

通过路口设计车速（km/h）	15～20	25～30	35～40
停车视距（m）	17～23	30～38	47～57

交通岛（traffic island）指的是为控制车辆行驶方向和保障行人安全，在车道之间设置的高出路面的岛状设施。包括导向岛、中心岛、安全岛等。目前，我国大中城市所采

用的圆形中心岛直径一般为40～60m，一般城镇的中心岛直径也不能小于20m。交通岛绿地设计时注意交通岛周边的植物配置宜增强导向作用，在行车视距范围内应采用通透式配置；中心岛绿地应保持各路口之间的行车视线通透，布置成装饰绿地；立体交叉绿岛应种植草坪等地被植物。草坪上可点缀树丛、孤植树和花灌木，以形成疏朗开阔的绿化效果。桥下宜种植耐阴地被植物。墙面宜进行垂直绿化。导向岛绿地应配置地被植物。

北京市五环路位于北京市区边缘，距中心10～15km，由北向南起于机场路立交，终点止于京津塘立交，由中央隔离带、主辅路分隔带、标准段，以及机场高速公路立交、姚家园立交、京通路立交、京沈高速立交、化工路立交、康化路立交、京津塘高速立交等组成。下面介绍四个立交绿化的设计：

京沈立交绿化总面积16.4万m²。其中桥区内绿地面积为11.73万m²，护坡面积4.67万m²；乔木42.7%，常绿树占19.1%，花灌木21.3%，地被及草坪面积占总面积的14.5%。该立交在绿化设计上具有鲜明的特点，讲求整体效果和标志性。近似对称的绿化布局在于体现北京首都的庄重和中心气氛。四个足球的色块造型既点明了五环路作为申奥大道的体育主题，又暗示了中国足球冲出亚洲走向世界的福地在沈阳五里河体育场，将申奥成功与足球出线主题有机地联系在一起。立交桥在绿化配置时采取规则式混交与自然式混交相结合的方式。在主观赏点的视觉焦点用规整的种植边缘线，通过整齐的林缘线形成细致、流畅的视觉感受；在立交桥的边缘地带采用自然的大混交手法，形成变化多样、错落起伏的植物群落景观，营造山林气氛。植物配置具有季相变化和层次变化。常绿乔木、落叶乔木、色叶树木、花灌木协调搭配，在以春季景观取胜的同时，力求体现四时景色（图1-12）。

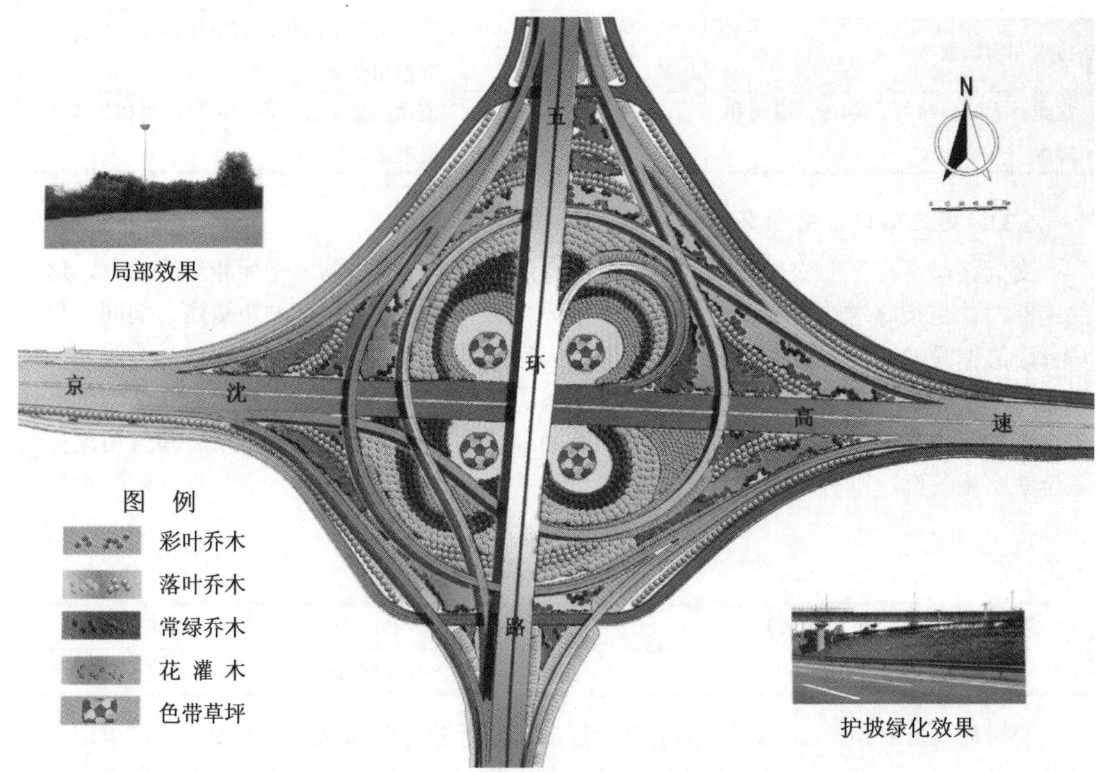

图1-12 京沈立交绿化设计示意图

京通路立交桥位于东五环与京通快速路交接处（图1-13）。绿地面积较大，绿化总面积17.75万m²，其中桥区内绿地面积为13.29万m²，护坡面积为4.46万m²。乔木占58.6%，常绿树占12.4%，花灌木占11.3%，地被及草坪面积占总面积的25.5%。京通路立交作为东长安街沿线的东端，设计思路以体现景观为主。中心区以主景树群落式种植，周边采用规则式大混交，以大尺度的绿化线型设计与立交桥道路流线相协调，在相对零散绿地之间取得联系，形成统一的环境气氛。栽植施工时，同在落叶或常绿树群范围内栽植不同品种、不同规格的落叶或常绿树，以期形成高低错落、形态自然的混交景观。同时，为方便管理与节省后期养护管理费用，立交桥绿化以乔灌木栽植为主，并配以一定量的宿根花卉、控制草坪面积，尽可能地少用色带，因而可降低工程造价。

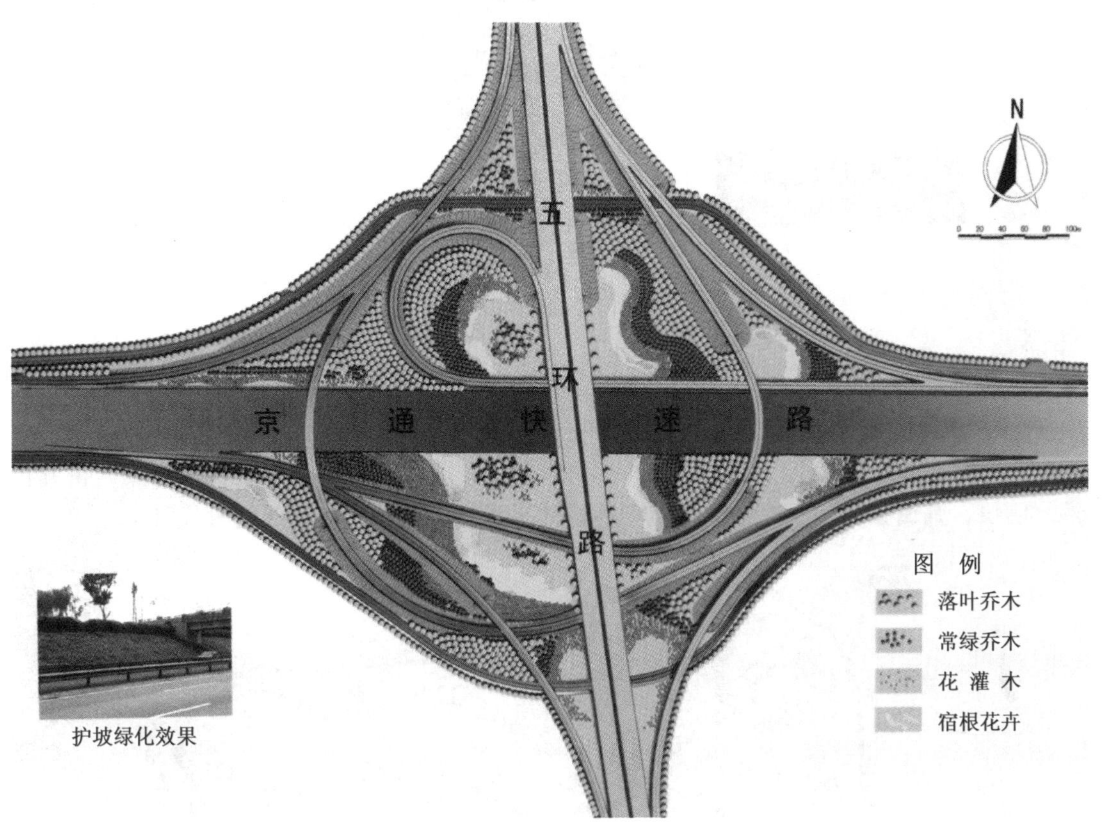

图1-13　京通路立交桥绿化设计示意图

姚家园路立交位于东五环北部，五环姚家园路交汇处（图1-14）。该立交绿化总面积16.3万m²，桥区内绿地面积为11.99万m²，护坡面积为4.31万m²。其中乔木占55.1%，常绿树占16.9%，花灌木占17.3%，地被及草坪占总面积的9.8%。该立交绿化设计结合立交桥设计形式，以大面积乔灌木自然与规则式种植相结合，车行其中，犹如在森林中穿过，乔木、灌木、花卉、地被高低错落有致，层次丰富。在满足立交行车功能要求的同时，又极大地满足了视觉要求。在树种选择上，体现秋季特色，乔木全部采用色叶树种，花灌木也以秋花、秋叶、秋果的植物为主，宿根花卉选用秋季开花的品种，全力打造一幅秋情、秋景、秋境的别具一格的立交桥植物景观。

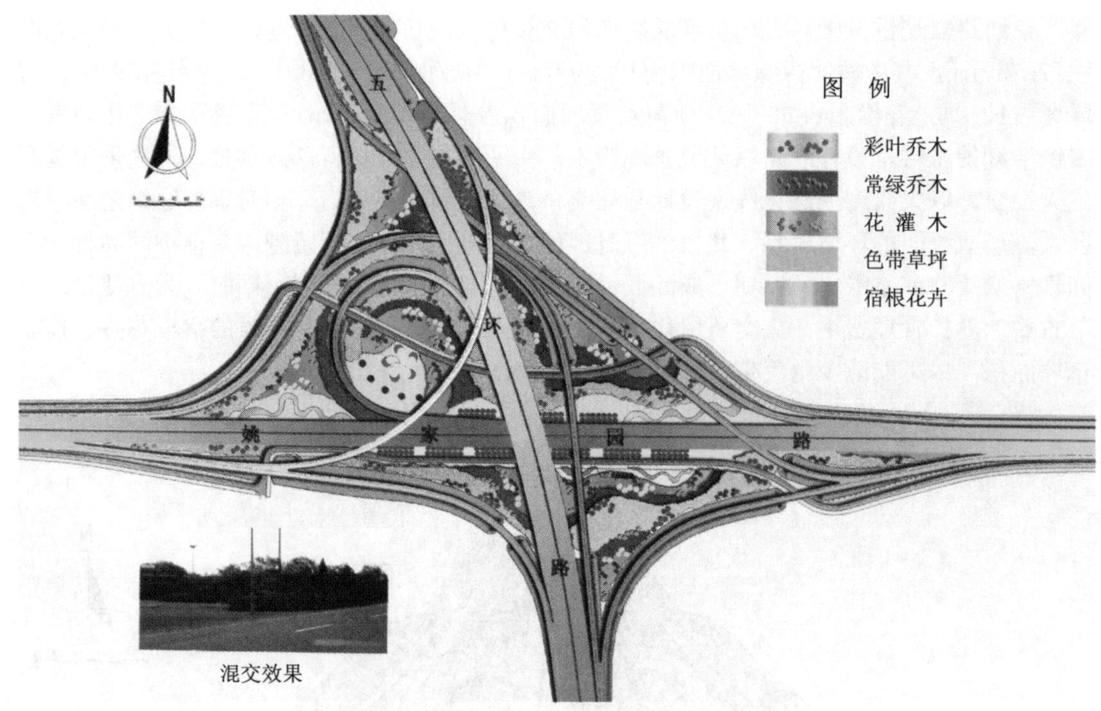

图1-14　姚家园路立交桥绿化设计示意图

京津塘高速立交属于互通式立交桥（图1-15）。该立交桥绿化总面积25.74万m^2，其中桥区内绿地面积为17.85万m^2，护坡面积7.89万m^2。乔木占62.23%，常绿树占13%，花灌木占9.5%，地被及草坪面积占28.3%。绿化总体布局采取规则式混交种植方式，讲究自然、明快，强调整体感；流线型的植物种植体现经济开发区生动活跃的时代气息。

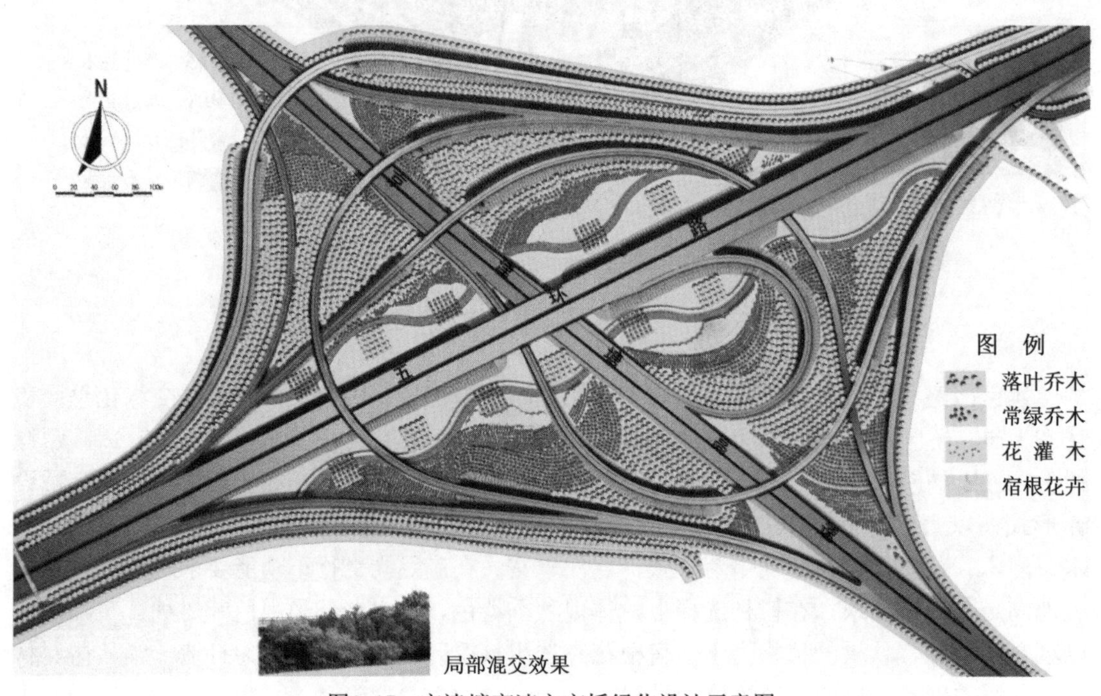

图1-15　京津塘高速立交桥绿化设计示意图

5.3.3 路侧绿化带

在道路侧方，布设在人行道边缘至道路红线之间的绿带，它是道路绿化中的重要组成部分，在道路绿地中往往占较大的比例，包括行道树、基础绿带和防护绿带。

（1）行道树设计形式。行道树是有规律地在道路两侧种植乔木，用以遮阴而形成的绿带，是街道绿化最普遍、最常见的一种形式，是街道绿化不可缺少的组成部分，它对美化市容、丰富城市街景和改善街道生态环境具有重要的作用。行道树设计形式有单排行道树、双排行道树、花坛内间植行道树、行道树与小花园和花园林荫路（表1-8）。

表1-8　行道树设计形式

形式	人行道宽度	景观设计要求
单排行道树	人行道3m左右	这是最普通的栽植形式，达到基本的绿化和遮阴。
双排行道树	人行道5m左右	人流较大，为了丰富景观，可布置两种树，但在冠形上要力求协调。
花坛内间植行道树	人行道5m左右，花坛长度以20m为宜，内植5～6棵行道树，花坛之间留2～3m出入口	在花坛内种植小花灌木和草坪，改善了行道树的生长环境，乔灌草的结合生长较好，绿化美化效果极佳。
行道树与小花园	人行道较宽，但门店用房种类繁杂，如酒店宾馆、各种购物娱乐中心等。	因地制宜，自然规则不拘一格。每个小花园自成一体，但在构图上要与相邻花园保持基本协调。
花园林荫路	人行道宽度8m以上，沿街多为居民区和机关单位。	居民休闲的重要场所，还可布置座椅、阅报栏、凉亭、假山、建筑小品等。在种植设计上，可采用大型花灌木、时令花草、藤本植物等。同时，花园林荫道还要与机关绿化、拆墙透绿融为一体。

（2）行道树种植方式。种植带的种植方式一定要注意交通安全。行道树的种植方式主要有两种：树池式和树带式（表1-9）。

表1-9　行道树种植方式

比较	树池式	树带式
特征	几何形的种植池内种植行道树。	在人行道与车行道之间留出的种植带。
适用	交通量大，行人多而人行道窄的街道。	交通量小，行人不多的街道，有利于树木生长。
规模	1.5m×1.5m方形，1.2m×2m长形或直径不小于1.5m圆形。	宽度不小于1.5m，以4～6m为宜。
备注	在主要街道树池可覆盖特制混凝土盖板石或铁花盖板。	种植带树下铺设草坪，在适当的距离留出铺装过道，以便人流通行或汽车停站。

（3）行道树定干高度。行道树定干高度应根据其功能要求、交通状况、道路性质、宽度以及行道树与车行道的距离、树木分级等确定。苗木胸径在12～15cm为宜，其分枝角度越大的，干高不得小于3.5m；分枝角度较小者，也不能小于2m，否则会影响交通。

（4）行道树株距。正确确定行道树的株行距，有利于充分发挥行道树的作用。苗木使用合理，也便于管理。一般来说，株行距要根据树种壮年期树冠大小来决定。棕榈树常为2～3m，阔叶树最小为3～4m，一般为5～6m。南方主要行道树种悬铃木（法国梧桐）生长速度快，树冠荫浓，若种植干径为5cm以上的树苗，株距定为6～8m为宜（表1-10 ）。

表1-10　行道树株距

树种类型	通常采用的株距（m）			
	准备间移		不准备间移	
	市区	郊区	市区	郊区
快长树（冠幅15m以下）	3～4	2～3	4～6	4～8
中慢长树（冠幅15～20m）	3～5	3～5	5～10	4～10
慢长树	2.5～3.5	2～3	5～7	3～7
窄冠树	-	-	3～5	3～4

（5）行道树树种选择。行道树应选用适应性好，抗病虫害能力强，无刺和深根性树种；种苗来源容易，成活率高；树龄长，树干通直，树姿端正，体形优美，冠大荫浓，春季发芽早，秋季落叶晚且整齐；花果无异味，无飞絮、飞毛、落果等；分枝点高，可耐强度修剪，愈合能力强，大苗移植易于成活。

（6）防护绿带和基础绿带的设计。当街道具有一定的宽度，人行道绿化带也就相应加宽，这时人行道绿化带上除布置行道树外，还有一定宽度的地方可供绿化，这就是防护绿带。若绿化带与建筑相连，则称为基础绿带。一般防护绿带宽度小于5m的均称为基础绿带，宽度大于8m以上的可以布置成花园林荫道。防护绿带的设计可参考行道树设计，与之相对应。基础绿带的主要作用是保护建筑内部的环境及人的活动不受外界干扰，可种植灌木、绿篱及攀缘植物以美化建筑物，保证室内的通风与采光。

5.3.4 *花园林荫路*

花园林荫道是与道路平行而且具有一定宽度的带状绿地，也可称为带状街头休息绿地（表1-11、1-12）。林荫道利用植物与车行道隔开，在其内部不同地段辟出各种不同休息场地，并有简单的园林设施，供行人和附近居民作短时间休息之用。目前在城镇绿地不足的情况下，起到了小游园的作用。它可扩大群众的活动场地，同时又增加城市绿地面积，对改善城市小气候，便利交通，丰富城市街景作用大。例如北京正义路林荫道、上海肇家滨林荫道、西安大庆路林荫道等就是范例。

表1-11　花园林荫路类型

类型	特征	用途	实例
设在街道中间的林荫道	即两边为上下行的车行道，中间有一定宽度的绿化带，这种类型较为常见。	多在交通量不大的情况下采用，出入口不宜过多。	北京正义路林荫道，上海肇家滨林荫道等
设在街道一侧的林荫道	傍山、一侧滨河或有起伏的地形时，可借用将山、林、河、湖等景观组织在内，创造更加安静的休息环境。	在交通比较频繁的街道上多采用此种类型	上海外滩绿地、杭州西湖畔的六和塔公园绿地等
设在街道两侧的林荫道	可以使附近居民不用穿过道路就可达林荫道内，既安静，又使用方便。	街道有较大宽度和面积的绿地，目前使用较少。	北京阜外大街花园林荫道

表1-12　花园林荫道设计要点

要点	要求
布置形式	要因地制宜，形成特色景观，宽度较大的林荫道宜采用自然式布置，宽度较小的则以规则式布置为宜。
设置游步道	一般8m宽的林荫道内，设一条游步道；8m以上时，设两条以上为宜。
设置绿色屏障	车行道与林荫道绿带之间要有浓密的绿篱和高大的乔木组成的绿色屏障相隔，立面上布置成外高内低的形式较好
设置建筑小品	如小型儿童游乐场、休息座椅、花坛、喷泉、阅报栏、花架等建筑小品。
留有出口	林荫道可在长75～100m处分段设立出入口，人流量大的人行道，大型建筑处应设出入口。出人口布置应具有特色，作为艺术上的处理，以增加绿化效果。
植物种类多样	林荫道总面积中，道路广场不宜超过25%，乔木占30%～40%，灌木占20%～25%，草地占10%～20%，花卉占2%～5%。南方天气炎热需要更多的浓荫，故常绿树占地面积可大些，北方则落叶树占地面积大些。

5.3.5 街头小游园

街道小游园是在城市干道旁供居民短时间休息用的小块绿地，又称街道休息绿地、街道花园。街道小游园以植物为主，可用树丛、树群、花坛、草坪等布置。乔灌木、常绿或落叶树相互搭配，层次要有变化，内部可设小路和小场地，供人们进入休息。有条件的设一些建筑小品，如亭廊、花架、园灯、小池、喷泉、假山、座椅、宣传廊等，丰富景观内容，满足群众需要（表1-13）。

街道小游园绿地大多地势平坦，或略有高低起伏，可设计为规则对称式、规则不对称式、自然式、混合式等多种形式。

表1-13　街道小游园设计要点

要点	表现
出入口	设置若干个出入口，便于游人集散。
地形处理	局部地段做地形或者设滨河小游园，水边设置小型广场或平台。
园路广场	设置游步道，在人流较大的区域设集散广场、健身活动或游憩广场。
园林建筑及小品	如亭、廊、花架、圆灯、水池、喷泉、圆桌椅、报刊栏、游乐设施、小型儿童游戏场等，以丰富内容和景观。
植物种植	乔木与灌木，常绿和落叶，树丛、树群、花坛和草坪相结合，层次变化。

5.4 步行街绿化设计

在市中心地区的重要公共建筑、商业与文化生活服务设施集中的地段，设置专供人行而禁止一切车辆通行的道路称步行街道（表1-14），如北京王府井大街、上海南京路、广州北京路等。步行街绿化是指位于步行街道内的所有绿化地段。如上海古北步行街跨越了3个街区，它的两侧都是在底层设有零售和各种其他服务设施的20层高的住宅塔楼，整个步行街中包括广场、喷泉和水景、露天剧场和开设有咖啡厅和餐厅的露天平台以及种植树阵的大型台地，为公众提供了一个独特的世外桃源，让生活在其中的居民能够在出离于繁忙的都市生活后有一个舒适放松的场所（图1-16～1-19）。

表1-14　步行街绿化设计要点

要点	要求
综合考虑周围环境	与环境、建筑协调一致，空间尺度亲切、和谐，满足功能与艺术的景观，可以让人们感受自我，得到较好的休息和放松。
建筑小品	适当布置花坛、雕塑、装饰性花纹地面，增加趣味性、识别性和特色。
结合设施	设置服务设施与休息设施，如座椅、休息亭等，缓解疲劳。

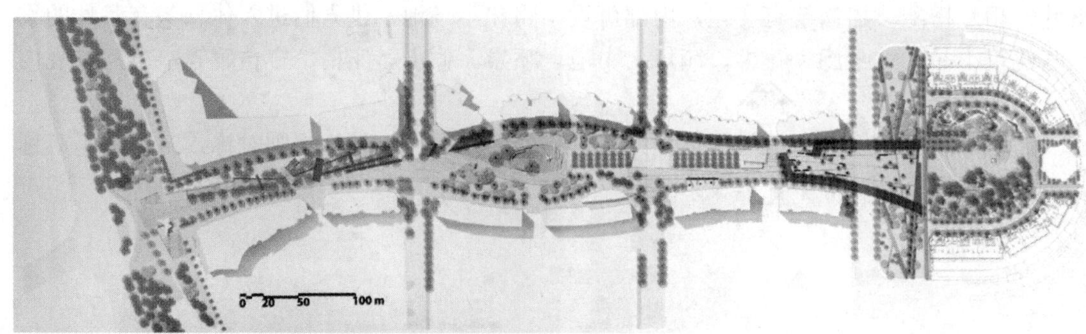

图1-16　上海古北步行街景观设计示意图

图1-17　上海古北步行街景观效果图

图1-18　上海古北步行街银杏树景观

图1-19　上海古北步行街一角景观

5.5 滨河绿地设计

城市中临河、湖、海等水体的道路，由于一面临水，空间开阔，环境优美，再加上进行绿化、美化，故是城市居民休息的好场所。水体沿岸不同宽度的绿带称为滨河绿地，这些滨河路的绿地往往给城市增添了美丽的景色。滨河一侧是建筑，另一侧是水景，中间是滨河路绿化带（表1-15）。

表1-15　滨河绿地设计要点

要点	要求
游步道	临近水面设置游步道，尽量接近水边。
小广场或平台	如有风景点观赏时，适当设计小广场、离水面高度不同的平台，以便远眺、摄影和增强亲切感。
水面开阔	能开设划船、游泳等，可考虑开辟成游园或公园。
滨河林荫道	可设栏杆、座椅、雕塑、园灯等与草坪、花坛、树丛等植物和谐统一。
植物选择	一般采用街道绿化树种外，在低湿河岸选择耐水和耐盐碱植物。
安全控制	保证游人的安静休息和健康安全，如减少噪声、防浪、固堤和护坡等。

5.6 对外交通绿地规划设计

城市对外交通绿地为公路、铁路、管道运输、港口和机场等城市对外交通运输及其附属设施用地内的绿地。它们联系着各城市、乡、社队以及通向风景区的交通网。对外交通的道路距居民区较远，常常穿过农田、山林，又没有城市复杂的地上、地下管网和建筑物等影响，人为的损伤也较少，绿化成效显著。本情境主要讨论公路绿地和铁路绿地的规划设计。

5.6.1 公路

公路绿化是根据公路的等级、路面的宽度来决定绿化带的宽度及树木的种植位置。路面的宽度在不大于9m时，公路植树不宜种在路肩上，要种在边沟以外，距边缘50cm处为宜。路面的宽度在9m以下时，可种在路肩上，距边沟内径不小于50cm为宜，以免树木长成时根系部分破坏路基（表1-16）。

表1-16　公路绿地设计要点

要点	要求
交叉口	应留出足够的视距，在遇到桥梁、涵洞等构筑物时，5m以内不得种树。
树种变化	每2～3km变换树种，避免单调、病虫害蔓延，增加景色变化，保证行车安全。
树种选择	注意乔灌结合，常绿落叶结合，速生与慢生结合，多采用乡土树种。
经济效益	尽可能结合生产与农田防护林带，做到一林多用，节省用地。

5.6.2 高速公路绿化设计

高速公路有中央隔离带和四个以上车道立体交叉、完备的安全防护设施，是专供快速行驶的现代公路。高速公路的横断面包括中央隔离带、行车道、路肩、护栏、边坡、路旁安全地带和护网（表1-17）。

表1-17 高速公路绿化设计要点

要点	要求
防眩种植	也称遮光种植，树高150～200cm。
平面线型	一般直线距离不应大于24km，在直线下坡拐弯的路段应在外侧种植树木，以增加司机的安全感，并可引导视线。
中央隔离带	宽度最少4m，种植要因地制宜，作分段变化处理。较窄处增设防护栏；较宽处可设置花灌木、草皮、绿篱、矮性整形常绿树，形成间接、有序和明快的景观效果。
边坡绿化	必须因地制宜，可推行挂网植草、液压喷播、土工格网、喷混植生，以及乔灌草、多草种配置等坡面快速绿化新技术。
穿越市区	应设立交设施。在干道的两侧要留出20～30m安全防护地带，可种植草坪、宿根花卉、灌木和乔木，林型由低到高。
建筑物	建筑物要远离高速公路，并用较宽的绿带隔开。绿带不可种植乔木。
安全措施	不允许行人与非机动车穿行，需考虑安装自动或遥控喷灌或滴灌装置。路肩一般3.5m以下不能种植树木，边坡及安全地带种植大乔木时不可使树影投射到车道上。
休息站（服务区）	一般50km左右设一休息站。包括减速车道、加速车道、停车场、加油站、汽车修理房、食堂、小卖部、厕所等服务设施。配合需要进行绿化设计，如停车场用花坛或树坛分隔，种植具有浓荫的乔木。

5.6.3 铁路绿地规划设计

铁路旁的绿地可使铁路减少风、沙、雪、雨等的侵袭，保护路基（图1-20，表1-18）。

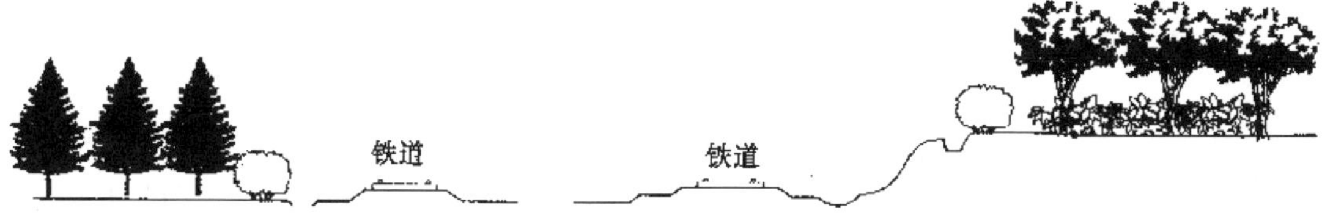

图1-20 铁道旁绿地断面示意图

表1-18　铁路绿化设计要点

要点	要求
乔灌木种植	种植乔木距离铁轨至少10m；种植灌木距离铁轨6m以上。
铁路边坡	适宜种植草本或矮灌木，防止水土冲刷，但不能种植乔木。
通过市区或居住区	应留出较宽的地带，种植乔灌木作为防护带。
公路与铁路平交	距铁路50m，距公路中心向外400m之内不可种植遮挡视线的乔灌木。以平交点为中心构成100m×800m的安全视域，确保安全。
铁路转弯	转弯处直径150m以内不得种乔木，可适当种植矮小的灌木和草皮。
机车信号灯	在机车信号灯1200m之内不得种植乔木，只能种植小灌木、草本花卉和草皮。

案例分析：青岛滨海步行道景观规划设计

青岛滨海旅游步行道位于老市区前海岸线团岛至石老人景观带（图1-21），全长40.6km，是青岛市城市观光旅游的重要景观系统，其连通着青岛市前海东、西不同风格特色的景观组群，使丰富的景观组群一气呵成，系统展示了青岛南海岸壮丽的海滨风光。滨海旅游步行道建成后，大大方便了滨海岸线的风光旅游，促进青岛海洋旅游的发展，使青岛整体旅游得到全面提高。以城市滨海岸线重要节点景观为核心，带动城市滨海岸线的建设，以城市滨海岸线建设为基点，对促进城市的整体发展有重要意义。

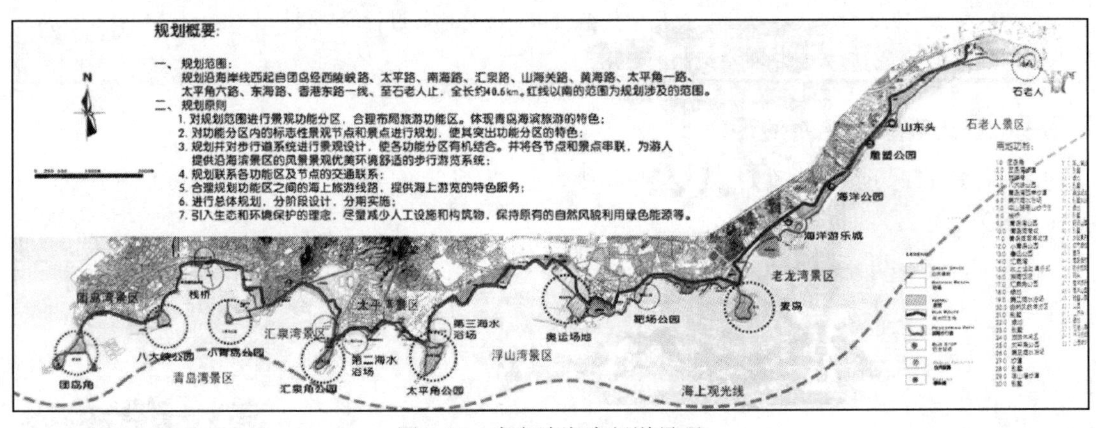

图1-21　青岛滨海步行道景观

青岛滨海步行道二期工程（含金海广场—燕尔岛公园段环境改造、鲁迅公园整治及团岛—六浴场绿化工程）是一项综合性园林绿化工程，施工面积达7万m²，造价约450万元，工程包括道路铺装、绿化、亮化、木栈道等，是青岛市沿海一线改造工程中的重点项目之一。工程自2003年7月23日开工，10月底竣工，管护一年后于2004年11月通过验收，工程质量达到优良等级。该工程规划设计合理，综合考虑了景观效果和功能需要，充分依靠现有的自然环境，尽可能减少人工雕琢的痕迹，借山、海之势，形成能与自然和谐融为一体的景观效果，使海滨风景更具观赏性，使人们在享受自然的同时，充分体会到园林景观的魅力。项目承建单位在施工中充分熟悉和理解设计意图，结合地形按图放线，根据园林设计的自然式片植为主的布局特点，注重合理安排苗木配置，平面布置做到疏密有致，有开有合，富于变化，立体林冠线有平缓，有起伏，主要景点的植物根据定植点环境特点及造景要求进行精选，在尊重设计、优化设计的同时，达到较理想的效果。

1. 设计原则

前海岸线是青岛重要的旅游资源，是一个相对独立的景观系统。建设滨海旅游步行道，定位在现有滨海通道基础上，完成区段岸线的滨海通道的连接，进一步完善前海岸线海滨观光旅游系统。加强沿海岸线综合治理，做好前海岸线截污工作，清理近海养殖场和违章建筑，实行海岸滩涂和海上保洁，完善城市综合功能，增加多种配套设施，加大绿化量，体现生态城市风貌，对涉及到的风貌建筑，重点文物应重点治理和保护。

设计依托于青岛地理特色环境，滨海旅游步行道的建设本着充分利用沿岸已有步行道及景观资源，对步行道附属设施以及步行道两侧的绿地进行修建、改造和完善，同时重点突破改造或创造节点空间，根据各区段的现有情况和特色，分别进行适当的强化处理，使之形成一条完整的滨海景观旅游带。设计原则：

（一）系统设计的原则；

（二）整体设计分期实施的原则；

（三）突出功能的原则；

（四）可持续发展的原则；

（五）运用城市设计的原则。

主要具体细化表现在以下两个方面：

1.1 整体规划分段重点细化

青岛市滨海旅游资源主要集中在团岛至石老人之间，南向海岸，该段海岸线全长40.6km，横穿老市区、新市区及高科技工业园区，是山海城巧妙结合、蜿蜒、曲折的带状海滨与城市形成一个有机整体，塑造了青岛的整体海滨形象。因此，对此区段的景观规划必须统一进行，与已经批准的海岸带规划相协调。根据现状情况、地理位置、自然资源状况、开发程度、交通条件等因素；制订总体规划框架，然后针对要实施的地段重点细化。

1.2 确立明确的规划指导思想，突出其严控性

近几年青岛市提出“经营城市”的理念，作为青岛最具代表性的海滨观赏资源，对其进行应严格遵循生态性的原则，塑造具有强烈地域特点的海滨风光带。具体思路：①统一规划，分期实施。确定适当的规划设计范围，强调滨海岸线和城市的关联，加强背景，对景及组团的设计特色，丰富城市景观，增强观赏性；②确定规划岸线的基本功能分区，加强岸线利用，结合城市分别定位，强调各区段自身的特色。总体上岸线应以休闲、健身、旅游观光为主要职能；③加强沿海岸线旅游景点的整体系统性，规划三条旅游线路，一是

海上旅游线路，二是机动车旅游线路，三是步行旅游线路；④通过景观规划，加强青岛市的滨海特色，注意强调岸线南北，纵向道路的通海特色，分别提出规划、建设或改造的要求；⑤妥善规划停车场、公厕、旅游服务设施等多种配套功能，重点功能处理好它们与三条旅游线路的相互关系；⑤加大绿化种植量，注意景点的点线面的结合；⑦对规划涉及的风貌建筑要保护与恢复；⑧妥善处理与已有规划的衔接；⑨加强生态和环境保护的意识，减少人工设施和构筑物，保护原始自然风貌和生态，充分利用绿色能源等（图1-22）。

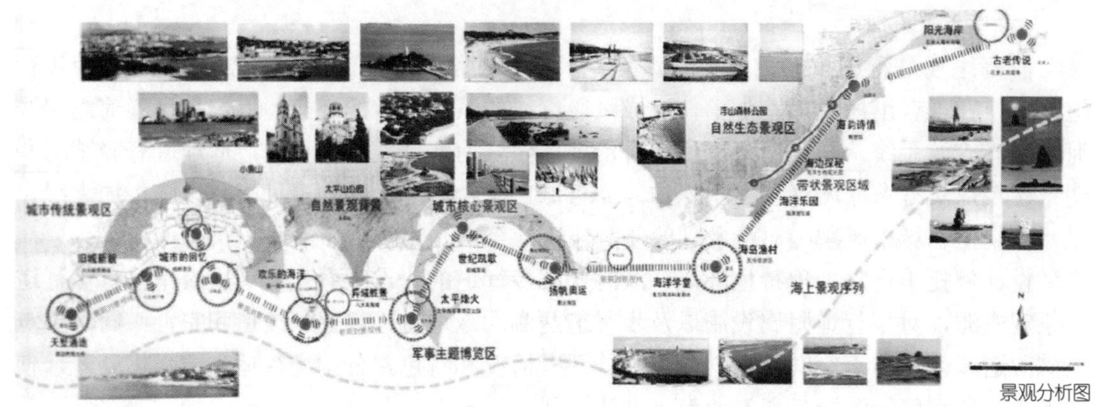

图1-22　青岛滨海步行道七大景观

2. 规划内容

以滨海步行道为主线根据各段岸线的景观和主要职能特点可划分为七大景观功能区和八大景观节点。

2.1 七大景观功能区

团岛湾景观区——以汽船航运参观游览为主要特色
青岛湾景观区——以青岛城市特色观瞻为主要特色
汇泉湾景观区——以海水浴场及海上娱乐为主要特色
太平湾景观区——以青岛特色风貌及海岸野趣旅游为主要特色
浮山湾景观区——以青岛新区风貌及奥运帆船比赛为主要特色
老龙湾景观区——以特色生活区参观旅游为主要特色
石老人旅游度假景观区——以旅游度假为主要特色

2.2 八大景观节点

团岛——灯塔及雾笛
八大峡公园
海景博物馆——海军博物馆、水晶宫海底世界、小青岛公园等
汇泉角景观节点——炮台遗址
太平角景观节点——独具特色的礁石岸线

燕儿岛奥运基地景观节点——帆船比赛场馆

小麦岛景观节点——海洋科研基地

石老人公园景观节点——独特的海蚀景观

景观节点为沿线闭合区域，是各种景观重要的对景观赏点，团岛、汇泉角、太平角、石老人公园四个节点，规划以生态绿化为主要手法，突出自然景观特点，人工景观要素尽量减少，不设高耸标志物。海军博物馆、燕儿岛奥运帆船比赛基地两处，用地较充足，区位适中，规划布置集旅游购物、餐饮娱乐于一体的综合性旅游景区。八大峡公园、小麦岛为生活性、观赏性景观节点。

2.3 滨海步行道的设计

前海岸线景观丰富秀丽，为加强岸线景观的系统性与联系性，通过步行道将各景区、景点串联起来，使其成为一种相对独立的旅游资源。可使岸线景观形成完整的序列，使游人漫步海滨、步移景异、心旷神怡、流连忘返。

按照国家城市建设有关规定及青岛城市规划要求，城市公共配套设施小型商业网点及公共卫生设施，应考虑旅游观光人流量的需要。

建设团岛湾步行道，开发团岛旅游道路，增加绿地面积，加设旅游服务设施，开设团岛尽端停车场。建设4m宽步行道，连通至小青岛入口，中间架设步行天桥。汇泉湾内结合海水浴场改造，拆除部分建筑，扩大沙滩面积增加绿化面积，加设城市公共设施、停车场等。太平湾建设太平角周边步行道，清理现有建筑物，改为公共沙滩，将太平角建设为开放式公共绿地。浮山湾配合奥运场馆建设规划，增设生态绿地。麦岛岸线拆除滩涂养殖场、恢复岸边自然风貌，增加生态建设，修筑观光通道，加设城市公共设施及小型停车场。海洋游乐场至石老人段，增补步行道，扩大绿化，增设山东头、石老人生态绿地。具体设置和组织如下。

2.3.1 团岛景观节点

主要景点是灯塔及雾笛。现状为特殊用地占用封闭管理，远期青黄公路桥从团岛通过。规划团岛为公园绿地，远期为桥头公园。在团岛南、东侧规划步行道至西陵峡路，规划道路长度约2550m。本路段为现状地形上新建步行道。在步行道的南段可观看黄岛、薛家岛远景、航运景色，在步行道的东段可观看青岛老市区，传统历史街区风貌，景观主题为天堑通途。机动车停车场设在团岛公园入口处，实现机动车与步行的交替。

2.3.2 团岛湾景观区

本段位于海岸景观线的西端，此段老市区主要景点为中苑海上广场、天马游钓娱乐中心、八大峡休闲广场等，主要人流为团岛地区居民，考虑通过交通管制将西陵峡路改造为滨海步行道，近期保留柏油路面，远期改为图案铺装，现仅采用烧制精砖改造已有人行道部分。把中苑海上广场作为景点个体，进行详细设计，在步行道上可游览西陵峡路绿化带、中苑海上广场、八大峡公园等景点，可观赏中山路及周边城市风貌、观象山、信号山公园远景。此段功能形象定位为以中苑海上广场为核心的线型休闲区、八大峡公园为一个闭合区、景观主题为旧城新貌。

2.3.3 青岛景观区

此段游人密集，是老市区主要海滨游览区，集中了海上皇宫、第六海水浴场、栈桥公园、水晶宫公园、小青岛公园、海军博物馆、海上游览码头、滨海建筑群、风貌保护区等游览内容。由于目前太平路车流量太大，旅游旺季时，人车矛盾较大，考虑八大峡公园至单县支路段可通过交通管制将西陵路改为滨海步行道，单县支路至江苏路可将太平路南侧的人行道进行改造即可形成滨海步行道。目前的水晶宫海底世界西侧的滨海步行道已经形成，只是铺装档次稍低，可改变铺装材料提高铺装档次。在海军博物馆西侧利用原有步行道、小青岛处有博物馆南侧利用现有岛屿规划的滨海步行道。

在滨海步行道上不仅可以游览海上皇宫、栈桥公园、小青岛、海军博物馆等景点，还可观赏青岛湾风貌、汇泉湾风貌、青岛老市区、传统历史街区风貌以及黄岛、薛家岛、信号山、太平山远景等。次区域形成景观互借，以栈桥、小青岛公园、海上皇宫为核心的多功能旅游观光闭合区，景观主题为城市的回忆（图1-23）。

图1-23　青岛滨海步行道局部景观效果

2.3.4 汇泉湾景观区

该地区西邻小鱼山、鲁迅公园、东靠八大关风景区，北与中山公园相邻，与太平山相望。现状主要旅游内容有鲁迅公园、水族馆、海产博物馆、汇泉广场、第一海水浴场、体育场馆、汇泉角、东海国际大厦等。该地已作为独立区域进行了详细规划，第一海水浴场将改造部分砾石滩，延长沙滩长度，拆除所有现状更衣室、结合现状绿化。沿南海路南侧规划一条10～20m的林荫步行道。改林荫步行道向西与鲁迅公园相接，向东继续延伸，将原航海运动学校改造成滨海绿地。

通过步行道可游览的景点有：鲁迅公园、第一海水浴场、航海俱乐部等，可观看的景观主要有汇泉广场、汇泉角、小鱼山、观象山、太平山远景。本段形象功能定位为健身、休闲线型区域，景观主题为欢乐的海洋。

3.2.5 汇泉角景观节点

汇泉角的主要景点是炮台遗址，现状为特殊用地，封闭管理。规划为汇泉角公园，沿汇泉角岸线规划为汇泉角步行环线，长度约1282m，地面铺装采用天然石材，突出自然风格。沿步行路可游览的景点有汇泉角公园、炮台遗址等，可观赏的景观主要有太平湾风貌、汇泉湾风貌、青岛老市区、传统历史特区风貌以及太平角、小鱼山、信号山、太平山远景、大小公岛远景等。此区域为一个景观闭合区。

3.2.6 太平湾景观区

该地区从汇泉角至太平角，背景观赏面为八大关风貌保护区。主要观赏内容为八大关风貌区、花石楼等。由于东海国际大厦影响，沿海步行西线将绕过大厦，后接第二浴场步行系统。规划将太平角建设成为以休闲为主的公园，对现状中的违章建筑进行大规模清除，取消第三浴场，改为沙滩。本地区形象功能定位为：凸显自然生态为主体的山海自然景观，为游人提供优良的旅游休闲面状区域。将第二海水浴场改造成公园式浴场，保留步行道向东至花石楼的较高的台阶，从花石楼至太平角段，花石楼设天然石台阶，突出自然风格。

规划滨海步行道为纯步行道，规划铺装材料采用体现自然宜人特色材料，如木材、天然石材等。在礁石处或步行道受限制段采用悬挑设计，上铺木板，形成悬挑木栈道。在该步行道上可游览的景点自西向东主要有：第二海水浴场、滨海野趣探索区等，可观赏的主要景观有八大关、太平角历史风貌及汇泉角、太平角、太平山、大小公岛远景等。景观主题是异域风情。

3.2.7 太平角景观节点

主要景点独具特色的礁石岸线。现状为特殊用地，部分封闭管理，环境很差，是环境治理的重点区域。沿海岸线规划太平角环线作为纯步行道，地面铺装采用天然石材和架空木栈道，突出自然风格。在今后可利用军事内容形成军事景观和爱国主义教育基地。沿步行道可游览的景点主要有：太平湾风貌、浮山湾风貌、青岛传统街区、新区风貌、奥运比赛场景以及汇泉角、太平山、小公岛远景等。此段是一个独立的闭合区，景观为自然景观和军事景观，其主题为太平风火（图1-24）。

3.2.8 浮山湾景观区

本地区为2008年奥运会帆船比赛主要赛区。区域内有东海路风光带、北海船厂、浮山生态绿地、燕儿岛公园、五四广场、音乐广场等旅游内容。东海路拥有较完善的步行道系统，体现人性化要求，使步行游览系统能得到统一的设施。形象功能定位为：体育健身、旅游观光的线型延伸式区域。在这段步行道上可游览的景点由西向东主要有：第三海水浴场、东海路文化柱、儿童广场、音乐广场、五四广场、2008奥运帆船比赛基地、浮山湾风貌、传统街区风貌、东部新区风貌、奥运比赛场景以及小麦岛、太平角、太平山、浮山、大小公岛远景等。景观以新城市景观、奥运场馆为主，景观主题为世纪凯歌、扬帆奥运。

3.2.9 老龙湾景观区

滨海步行道由阳光假日酒店至靶场处，地形十分陡峭，需设台阶。规划利用现状建筑

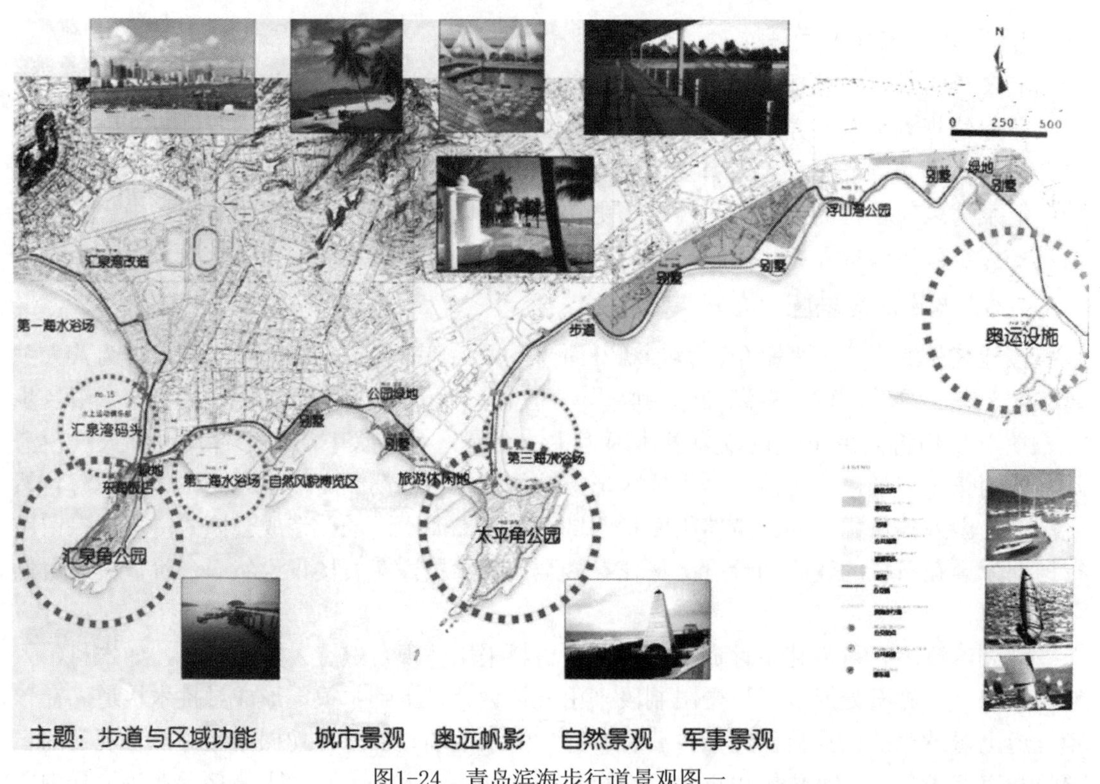

图1-24　青岛滨海步行道景观图一

外侧较窄的步行道（1m左右宽），在其外侧增设栈桥式木质步行道，满足滨海步行系统的要求。现状渔轮修造厂规划为船艇俱乐部，结合规划新建滨海步行道，根据现有规划在小麦岛新建小麦岛步行滨海环路。此区域有部分为待改造村庄，村庄拆除后建造与海滨景观相协调的公共绿地和步行观光系统。新建靶场公园景点主题：休闲性综合区，主要组成元素：海洋景观、观海平台、生态建筑及餐馆。该区域重点为旅游观光、休闲。东海路风光带成为观赏主体。

在老龙湾滨海步行道上可游览的景点主要有：燕岛秋湖、靶场公园、银都花园、银海大世界、船艇俱乐部等，利用现有资源设立海上渔村，海洋生物观赏等景点。以自然景观为主，形成线型延伸式景观区域。主要景观有小麦岛、浮山、大小公岛远景等。

3.2.10 *石老人景观节点*

石老人海水浴场、啤酒城、石老人等为主要景观内容。步行系统在经过麦岛区域后进入本段。本区段的形象定位为娱乐休闲为主的线型空间模式。沿现状污水处理厂南侧设步行游览路至规划的海洋公园外侧的步行游览路，至名人雕塑园处绕至雕塑园内部步行系统，向东与石老人浴场内部步行路相接，再延伸到石老人处。至此，青岛前海岸步行游览路到达东端终点。景观以自然景观为主，景观主题为阳光海岸、古老的传说。

3.2.11 *旅游购物及餐饮设施*

前海岸线旅游景观带中的旅游购物及餐饮设施分三级设置。在海军博物馆与奥运帆船基地两个景观节点处设大型旅游购物及餐饮设施作为第一级旅游服务设施，第二级服务设施为小型设施设置景观节点处，第三级服务设施为自动售货柜，在步行道两侧按每1000m设一组（除景观节点外）。

3.2.12 滨海步行道铺装

滨海步行道所使用的建造材质将会表现自然海岸环境，并包含当地广泛使用的花岗石、铝以及不锈钢等材料，呈现出一个高水准的观光休闲环境。

在人工驳岸上的步行道采用花岗石铺装，色彩与周围环境相协调，使人感到自然美观、清新明快。

在沿海滨的自然景区以乘车观光为主的地段，采用花岗石条石嵌草路面，界格部分插入火烧板、马牙石、页岩等，既富于变化，又突出青岛本地石材的特色，显得质朴自然。

山地上的步行道采用天然石材（如甲级石）铺装局部可考虑少量的鹅卵石健身路面及其他铺装材料。

在礁石上的步行道采用木质铺装，可进行悬挑设计或采用仿木混凝土柱架空，上铺木板（所铺木板是随时可更换的），形成悬挑或架空木栈道。

在部分重点地段步行道铺装中镶嵌图案，具有浓郁的青岛地方文化特色，提升了道路铺装的文化艺术品味和艺术情趣。

3.2.13 步行道附属设施

结合当地建设材料及共同设计元素，提供游客与当地居民一个安全又阴凉的步行道。

步行道系缆柱、栏杆、自行车停车处、凉亭建筑物、遮盖处及步行道入口处采用花岗石（或其他岩石）、铝或不锈钢等材料。

全部建筑物都会以航海为主题，用帆船及海浪形状分布于各段路径之内。

棚架植物用作建筑结构的其中一项元素，包括入口处、行人区，可为行人提供绿色遮阳区。

现有的花岗石地板步行道、系缆柱及台柱将会保留及融入其他有主题设计的新建筑物内。

护岸即海边挡浪坝、沿海岸线现有的挡浪坝大多不能满足本工程的使用要求，故考虑修复，其余现无挡浪坝部分考虑新建。

3.2.14 市政管线

本工程的市政管线主要考虑管线现状及景点的需要，敷设各专业管线。另外沿线有少量的雨污水管道需要迁移、翻建。

4. 建设效果

工程总投资市区段一期工程投资计划3600万元，二期工程投资计划6000万元，为财力投资和国债相结合。一期自2002年4月开工，2004年底除节点外道路系统基本贯通。滨海步行道的建设获得了巨大的社会效益，全面开发利用了青岛市的前海旅游资源，提升了青岛的城市形象，改善和保护了前海周边环境，促进了青岛海洋旅游的发展，使青岛整体旅游全面提高，形成了完整的滨海景观系统（图1-25）。滨海步行道自2002年开始建设到现在不断完善，受到广大市民的赞许和认可，先后荣获多个奖项。

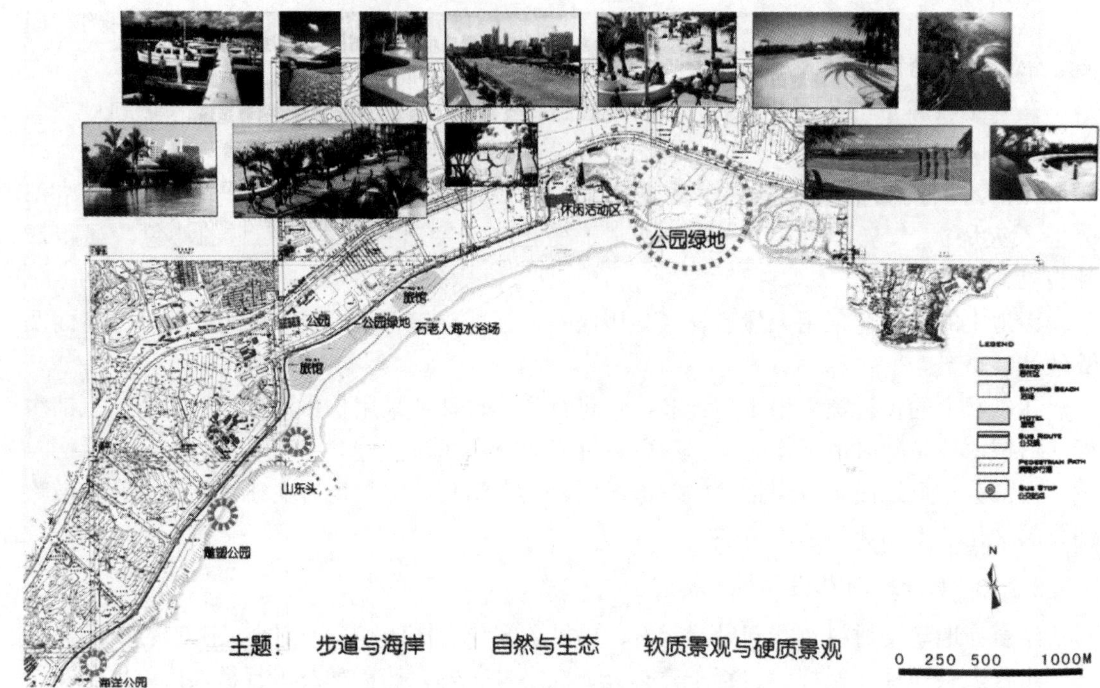

图1-25　青岛滨海步行道景观图二

计 划 单

学习领域	园林规划设计		
学习情境1	道路绿地规划设计	学时	2
计划方式	小组成员团队合作共同制订工作计划		
序号	实施步骤	使用资源	
1			
2			
3			
4			
5			
6			
7			
8			
9			
10			
制订计划说明			
计划评价	班级：	第　　组	组长签字：
	教师签字：		日期：
	评语：		

材料工具清单

<table>
<tr><td>学习领域</td><td colspan="7">园林规划设计</td></tr>
<tr><td>学习情境1</td><td colspan="4">道路绿地规划设计</td><td colspan="2">学时</td><td>2</td></tr>
<tr><td>项目</td><td>序号</td><td>名称</td><td>作用</td><td>数量</td><td>型号</td><td>使用前</td><td>使用后</td></tr>
<tr><td rowspan="6">所用仪器设备</td><td>1</td><td>电脑</td><td></td><td></td><td></td><td></td><td></td></tr>
<tr><td>2</td><td>打印机</td><td></td><td></td><td></td><td></td><td></td></tr>
<tr><td>3</td><td>扫描仪</td><td></td><td></td><td></td><td></td><td></td></tr>
<tr><td>4</td><td></td><td></td><td></td><td></td><td></td><td></td></tr>
<tr><td>5</td><td></td><td></td><td></td><td></td><td></td><td></td></tr>
<tr><td>6</td><td></td><td></td><td></td><td></td><td></td><td></td></tr>
<tr><td rowspan="6">所用材料</td><td>1</td><td>图纸</td><td></td><td></td><td></td><td></td><td></td></tr>
<tr><td>2</td><td>铅笔</td><td></td><td></td><td></td><td></td><td></td></tr>
<tr><td>3</td><td>彩铅</td><td></td><td></td><td></td><td></td><td></td></tr>
<tr><td>4</td><td>橡皮</td><td></td><td></td><td></td><td></td><td></td></tr>
<tr><td>5</td><td>透明胶</td><td></td><td></td><td></td><td></td><td></td></tr>
<tr><td>6</td><td></td><td></td><td></td><td></td><td></td><td></td></tr>
<tr><td rowspan="10">所用工具</td><td>1</td><td>小刀</td><td></td><td></td><td></td><td></td><td></td></tr>
<tr><td>2</td><td>刀片</td><td></td><td></td><td></td><td></td><td></td></tr>
<tr><td>3</td><td>图板</td><td></td><td></td><td></td><td></td><td></td></tr>
<tr><td>4</td><td>丁字尺</td><td></td><td></td><td></td><td></td><td></td></tr>
<tr><td>5</td><td>比例尺</td><td></td><td></td><td></td><td></td><td></td></tr>
<tr><td>6</td><td>三角尺</td><td></td><td></td><td></td><td></td><td></td></tr>
<tr><td>7</td><td>针管笔</td><td></td><td></td><td></td><td></td><td></td></tr>
<tr><td>8</td><td>马克笔</td><td></td><td></td><td></td><td></td><td></td></tr>
<tr><td>9</td><td>圆模板</td><td></td><td></td><td></td><td></td><td></td></tr>
<tr><td>10</td><td></td><td></td><td></td><td></td><td></td><td></td></tr>
<tr><td colspan="2">班级</td><td colspan="2">第　　组</td><td colspan="4">组长签字：
教师签字：</td></tr>
</table>

作 业 单

学习领域	园林规划设计		
学习情境1	道路绿地规划设计	学时	14
作业方式	上交一套设计方案（手绘或计算机辅助设计图纸和设计说明）		
1	对当地某段未设计好的城市道路绿地景观设计v		

一、操作步骤

1. 对道路绿化优秀作品进行分析、学习。
2. 进行实训操作动员和设计的准备工作。
3. 对初步设计方案进行分析、指导。
4. 修改、完善设计方案，并形成相对完整的设计方案。

二、操作方式

1. 采用室外现场参观等形式，对道路景观进行分析、点评。
2. 对道路景观设计优秀作品分析讲评。
3. 拟定具体的道路绿化建设项目进行方案设计。

三、操作要求

所有图纸的图面要求表现力强，线条流畅、构图合理、清洁美观，图例、文字标注、图幅等符合制图规范。设计图纸包括：

1. 道路绿地设计总平面图。表现各种造园要素（如山石水体、园林建筑与小品、园林植物等）。要求功能分区布局合理，植物配置季相鲜明。
2. 透视或鸟瞰图。手绘道路绿地实景，表现绿地中各个景点、各种设施及地貌等。要求色彩丰富、比例适当、形象逼真。
3. 园林植物种植设计图。表示设计植物的种类、数量、规格、种植位置及类型和要求的平面图样。要求图例正确、比例合理、表现准确。
4. 局部景观表现图。用手绘或者计算机辅助制图的方法表现设计中有特色的景观。要求特点突出，形象生动。

另外，设计说明语言流畅、言简意赅，能准确地对图纸补充说明，体现设计意图。

计划评价	班级：		第　　组	组长签字：
	学号：		姓名：	
	教师签字：	教师评分：		日期：
	评语：			

决 策 单

<table>
<tr><td>学习领域</td><td colspan="7">园林规划设计</td></tr>
<tr><td>学习情境1</td><td colspan="5">道路绿地规划设计</td><td>学时</td><td>4</td></tr>
<tr><td colspan="8">方案讨论</td></tr>
<tr><td rowspan="11">方案对比</td><td>组号</td><td>构思</td><td>布局</td><td>线条</td><td>色彩</td><td>可行性</td><td>综合评价</td></tr>
<tr><td>1</td><td></td><td></td><td></td><td></td><td></td><td></td></tr>
<tr><td>2</td><td></td><td></td><td></td><td></td><td></td><td></td></tr>
<tr><td>3</td><td></td><td></td><td></td><td></td><td></td><td></td></tr>
<tr><td>4</td><td></td><td></td><td></td><td></td><td></td><td></td></tr>
<tr><td>5</td><td></td><td></td><td></td><td></td><td></td><td></td></tr>
<tr><td>6</td><td></td><td></td><td></td><td></td><td></td><td></td></tr>
<tr><td>7</td><td></td><td></td><td></td><td></td><td></td><td></td></tr>
<tr><td>8</td><td></td><td></td><td></td><td></td><td></td><td></td></tr>
<tr><td>9</td><td></td><td></td><td></td><td></td><td></td><td></td></tr>
<tr><td>10</td><td></td><td></td><td></td><td></td><td></td><td></td></tr>
<tr><td>方案评价</td><td colspan="4">学生互评：</td><td colspan="3">教师评价：</td></tr>
<tr><td colspan="2">班级：</td><td colspan="2">组长签字：</td><td colspan="2">教师签字：</td><td colspan="2">日期：</td></tr>
</table>

教学反馈单

学习领域	园林规划设计			
学习情境1	道路绿地规划设计	学时	4	
序号	调查内容	是	否	理由陈述
1	你是否明确本学习情境的学习目标？			
2	你是否完成学习情境的学习任务？			
3	你是否达到本学习情境对学生的要求？			
4	资讯的问题你都能回答吗？			
5	城市道路绿地设计专用术语能正确理解吗？			
6	能对各级各类城市道路系统分析其基本类型吗？			
7	你了解城市绿地率指标吗？			
8	你了解所在城市的绿地率吗？			
9	你能进行城市道路绿地规划设计了吗？			
10	你是否喜欢这种上课方式？			
11	通过几天的工作和学习，你对自己的表现是否满意？			
12	你对本小组成员之间的合作是否满意？			
13	你认为本学习情境对你将来的学习和工作有何帮助？			
14	你认为本学习情境还应学习哪些方面的内容？			
15	本学习情境学习后，你还有哪些问题不明白？哪些问题需要解决？			
你的意见对改进教学非常重要，请写出你的建议和意见：				
被调查人姓名：		调查时间：		

学习情境2

广场规划设计

任 务 单

【学习领域】

园林规划设计

【学习情境2】

广场规划设计

【学时】

30

【布置任务】

综合运用所学的知识对给定的城市广场绿化建设项目进行规划设计，呈交一套完整的设计文件（设计图纸和设计说明）。

所有图纸的图面要求表现力强，线条流畅、构图合理、清洁美观，图例、文字标注、图幅等符合制图规范。设计图纸包括：

1．广场绿地设计总平面图。表现各种造园要素（如山石水体、园林建筑与小品、园林植物等）。要求功能分区布局合理，植物配置季相鲜明。

2．透视或鸟瞰图。手绘广场绿地实景，表现绿地中各个景点、各种设施及地貌等。要求色彩丰富、比例适当、形象逼真。

3．园林植物种植设计图。表示设计植物的种类、数量、规格、种植位置、类型和要求的平面图样。要求图例正确、比例合理、表现准确。

4．局部景观表现图。用手绘或者计算机辅助制图的方法表现设计中有特色的景观。要求特点突出，形象生动。

设计说明语言流畅、言简意赅，能准确地对图纸补充说明，体现设计意图。

【学时安排】

资讯8学时；计划2学时；作业12学时；决策4学时；评价4学时。

【参考资料】

1．徐清.景观设计学.上海：同济大学出版社，2010

2．黄东兵.园林规划设计.北京：中国科学技术出版社，2003

3．胡长龙.城市园林绿化设计.上海：上海科学出版社，2003

4．杨赉丽.城市绿地规划设计.北京：中国林业出版社，1995

5．董晓华.园林规划设计.北京：高等教育出版社，2005

6．曹仁勇，章广明.园林规划设计.北京：中国农业出版社，2009

7．王绍增.城市绿地规划.北京：中国农业出版社，2005

8．金煜.园林植物景观设计.沈阳：辽宁科学技术出版社，2008

9. 张国强，贾建中. 风景园林设计——中国风景园林规划设计作品集. 北京：中国建筑工业出版社，2005

10. 专业园林设计师协会：Association of Professional Landscape Designers

11. 风景园林. 北京林业大学. 中国风景园林学会

12. 中国园林. 中国风景园林学会

13. 景观设计. 大连理工大学出版社（双月刊）

资 讯 单

【学习领域】

园林规划设计

【学习情境2】

广场规划设计

【学时】

8

【资讯方式】

在图书馆、专业刊物、互联网络及信息单上查询问题及资讯任课教师。

【资讯问题】

1．什么是城市广场？城市广场如何进行分类？

2．你对市政广场建设有何感想？

3．一个城市纪念性广场应该如何设置？

4．交通广场设计有什么特点？

5．休闲广场设计对城市特色体现方面有什么作用？

6．城市文化广场的设计如何体现地方文化性？

7．古迹广场设计有什么条件限制？

8．宗教广场在设计时如何体现其特性？

9．商业广场如何满足人们的需求？

10．城市广场设计原则是什么？

11．广场的面积受哪些因素影响？如何确定？

12．广场的比例尺度选择时有哪些要求？

13．广场的封闭形态是指什么？

14．广场的标志物应该如何选择？主题如何表现？

15．广场设计应注意哪些问题？

【资讯引导】

1．查看参考资料。

2．分小组讨论，充分发挥每位同学的能力。

3．相关理论知识可以查阅信息单上的内容。

4．对当地城市广场绿地现状要进行实地踏查，拍摄照片、手绘现状图等，将相关资料通过各种可能的方法进行搜集。

信 息 单

【学习领域】

园林规划设计

【学习情境2】

广场规划设计

【学时】

8

【信息内容】

城市广场是现代城市开放空间体系中最具公共性和艺术性，最具活力，最能体现都市文化和文明的开放空间。

它是大众群体聚集的大型场所，也是现代都市人们进行户外活动的重要场所。现代城市广场还是点缀、创造优美城市景观的重要手段。从某种意义上说，城市广场体现了城市的风貌和灵魂，展示了吸纳带城市生活模式和社会文化内涵。

1. 城市广场的定义

城市广场的产生、发展经历了一个漫长的过程，它随着城市的发展而发展，城市的高度文明必然带来城市广场的高度文明，换言之城市广场的发展是城市发展的集中表现。自古以来，城市广场的概念也是不断发展的。现代城市广场的定义是随着人们需求和文明程度的发展而变化的。

（1）从广场功能上定义：广场是由于城市功能上的要求而设置的，是供人们活动的空间。城市广场通常是城市居民社会活动的中心，广场上可以组织集会、交通疏散、组织居民游览休息、组织商业贸易的交流等。

（2）从场所内容上定义：是指城市中由建筑、广场或绿化地带围绕而成的开敞空间，是城市公众社区生活的中心。

（3）现代社会背景下的定义：是以城市历史文化为背景，以城市广场为纽带，由建筑、广场、植物、水体、地形等围合而成的城市开敞空间，是经过艺术加工的多景观、多效益的城市社会生活场所。

2. 城市广场的类型

现代城市广场的类型划分，通常是按广场的功能性质、平面组合和剖面形式等方面进行的，其中最为常见的是以广场的功能性质不同来进行分类。

2.1 市政广场

一般位于市中心，通常是市政府、城市行政区中心所在地。它往往布置在城市主轴线上，形成一个城市的象征。在市政广场上，常有该城市的重要建筑物或大型雕塑等。如泰安市市政广场位于泰安市市政府门前（图2-1）。6个大型灯塔，分两排纵行立于正前方，配以地面灯散落其间。3个大型喷水池并排在广场前方，观其喷头就可预见其喷涌时的壮观。一条小溪从广场右前方汇入右侧的小河，河左岸垂柳依依，小草山上，些许人在凉亭里观景纳凉，鹅卵石铺就的小路曲径通幽。

图2-1　泰安市市政广场白天和夜晚的景观

市政广场是泰安市政治、文化中心，是市民活动和市里重要集会、活动、展览会议的重要场所，时代发展线和东岳大街贯通南北、东西，车流、人流集中，目前已成为展示泰安的窗口，不论是到泰安的政要，还是外地旅游观光的客人，都要来此驻足参观。

2.2 纪念广场

城市纪念广场题材非常广泛，涉及面很广，可以是纪念人物，也可以纪念事件等。通常广场中心或轴线有以纪念雕塑（或雕像）、纪念碑（或柱）、纪念建筑或其他形式的纪念物等为标志物。纪念广场突出严肃深刻的文化内涵和纪念主题，宁静和谐的环境气氛会使广场的纪念的效果大大增强。如沂南卧龙山诸葛亮纪念广场设计体现汉文化中的厚重、沉稳、雄浑、自然天成的特色（图2-2、2-3）。以诸葛亮铜像为主题雕塑，采用中轴线式纪念广场的手法，把公园内外有机地连成整体，结合渐高的地势，打造朝圣的意境，并以台地处理高差，减少土方量。通过对汉画像石及汉文化的研究，用古朴自然的石材铺装、石雕与仿汉建筑等设计元素打造智胜诸葛亮的时代背景；仿汉庭院设计，使广场与两侧建筑形成有机整体。广场铺装采用中国汉代传统灰色作为整体基调，以中国传统整石和青砖的铺地形式作为衬托主要广场的雅致背景，从历史和地域特色提取图式语言，分别以“八卦”、“雷纹”、“回纹”等加以抽象作为广场主题。轴线上种植黑松、圆柏树阵，体现纪念性广场特色。

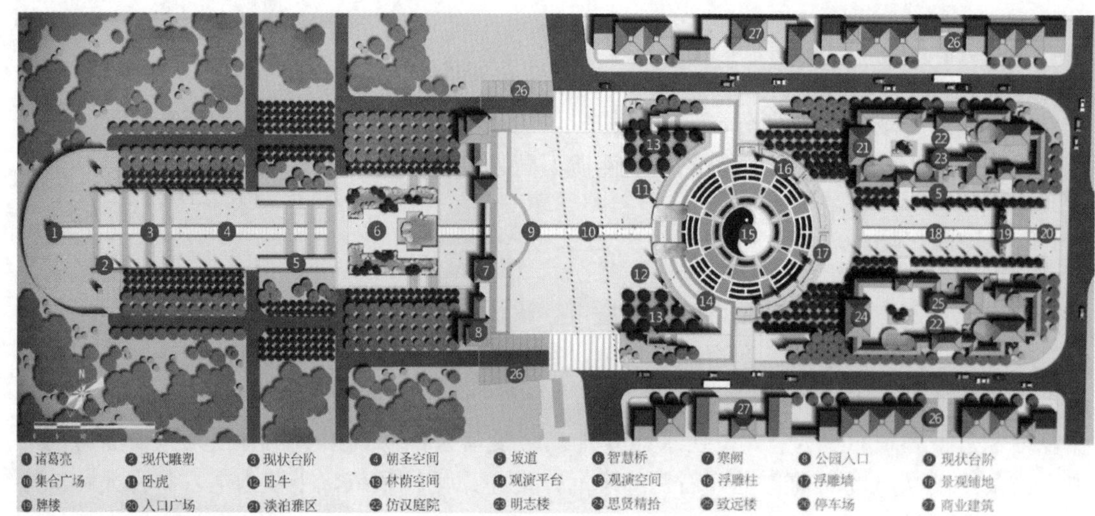

图2-2　沂南卧龙山诸葛亮纪念广场景点布局

图01

图02

图03

图2-3　沂南卧龙山诸葛亮纪念广场景点效果

2.3 交通广场

交通广场主要是有效地组织城市车流和人流等，是城市交通体系中的有机组成部分。交通广场分两类：一类是广场交叉的扩大，疏导多条广场交汇所产生的不同流向的车流与人流交通。另一类是交通集散广场，主要解决人流、车流的交通集散，如影剧院前的广场，体育场，展览馆前的广场，工矿企业的厂前广场，交通枢纽站前广场等，均起着交通集散的使用。在这些广场中，有的偏重解决人流的集散，有的对人、车、货流的解决均有要求。交通集散广场车流和人流应很好地组织，以保证广场上的车辆和行人互不干扰，畅通无阻（图2-4）。

图2-4　某交通广场景观效果

2.4 休闲广场

供市民休息、娱乐、交流、游玩等活动的重要场所，其位置常常选择在人口较密集的地方，以方便市民使用为目的，如街旁、市中心区、商业区甚至居住区内。休闲广场往往灵活多变，空间多样自由，与环境结合紧密，规模可大可小，无一定限定。总之，以舒适方便为目的，让人乐在其中。

2.5 文化广场

要有明确的主题，它是为了展示城市深厚的文化积淀和悠久历史，经过深入挖掘整理，以多种形式在广场上集中地表现出来。文化广场可以说是城市室外文化展览馆，一个好的文化广场应让人们在休闲中了解城市的文化渊源，从而达到热爱城市、激发上进精神的目的。如鄂尔多斯青铜器广场的设计（图2-5～2-7）一是体现了历史写真与文化内涵的水乳交融，设计汲取青铜器发展历史中的文化精髓，通过融入文化内涵的一组组场景重现了青铜器文化波澜壮阔的历史发展过程，不再是纯粹地复制历史场面；二是艺术激情与使用功能的融合共生，不论从宏观到微观，从广场布局到景观小品，在满足功能的前提下，运用现代艺术理念，达到功能与形式的统一；三是生态技术与人文理念的有机结合，通过现代生态理念，先进技术的引入，使整个项目在满足眼前功能需求的同时，亦不对周边环境形成压力、造成破坏，实现可持续发展。广场中东西相对的日穹、月境为画龙点睛之笔，日月同辉之中，一条颇具内蒙古当地风情的景观轴线贯穿南北，通过开阔大气的设计手法奠定了整个广场恢宏壮阔的基调。

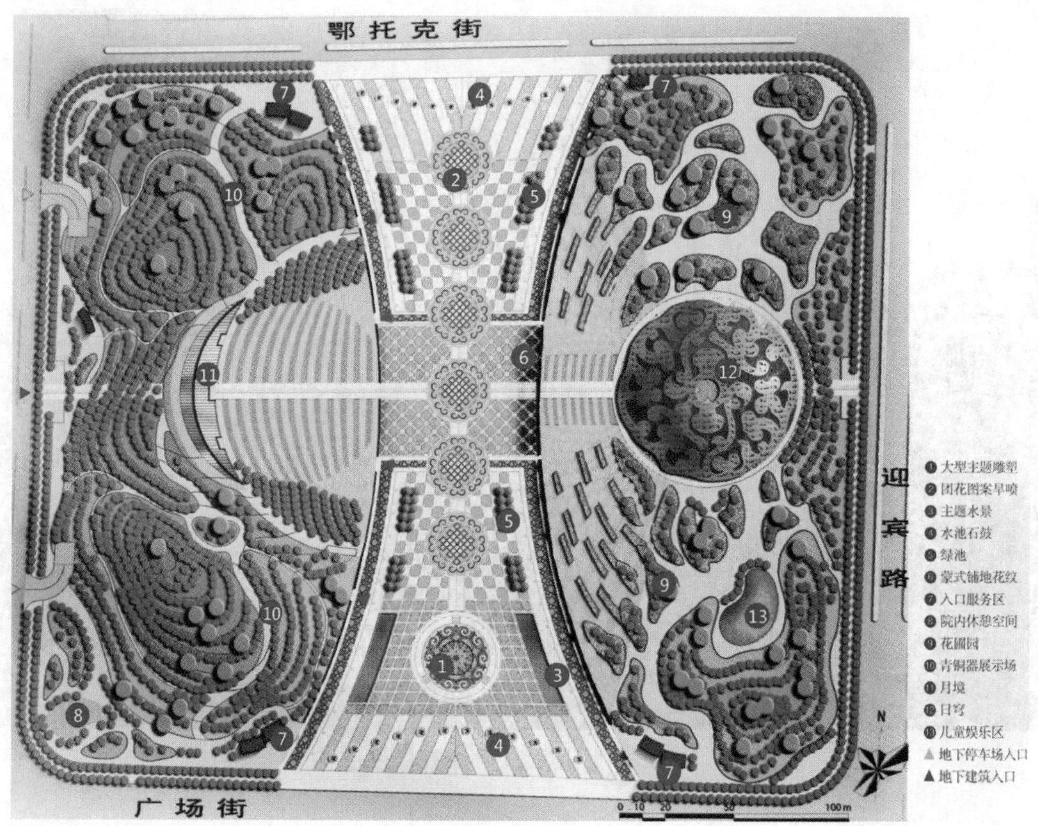

图2-5　鄂尔多斯青铜器广场景点设计

图2-6　鄂尔多斯青铜器广场特色文化景观

图2-7　鄂尔多斯青铜器广场夜景

2.6 古迹广场

结合城市的遗存古迹保护和利用而设的城市广场，生动地代表了一个城市的古老文明程度。可根据古迹的体量高矮，结合城市改造和城市规划要求来确定其面积大小。古迹广场是表现古迹的舞台，应从古迹出发组织景观。我国著名古城西安、南京等城市的古城门广场正是古迹广场的成功案例。

2.7 宗教广场

我国是一个信仰自由的国家，许多城市中还保留着宗教建筑群。一般宗教建筑群内部皆设有适合宗教活动和表现的内部广场。而在宗教建筑群外部，尤其是入口处一般都设置了供信徒和游客集散、交流、休息的广场空间，这也是城市开放空间的一个组合部分。宗教广场设计应该以满足宗教活动为主，尤其要表现出宗教文化氛围和宗教建筑美，通常有明显的轴线关系，景物也是对称（或对应）布局，广场上的小品以与宗教相关的饰物为主。

2.8 商业广场

商业功能是城市广场最古老的功能类型。商业广场的形态空间和规划布局“有法无式”“随形就势”，必须与其环境相融、功能相符、交通组织合理，同时商业广场应充分考虑人们购物休闲的需要。传统的商业广场一般位于商业中心或商业街，如上海南京路步行街中的广场、安徽省芜湖市中山路商业街中的广场、合肥琥珀山庄商业服务区的中心广场。

一般市政广场、纪念广场、文化广场、古迹广场、宗教广场相对比较明确，而交通广场、休闲广场、商业广场等不是那么明确，只是有所侧重而已。

3.1 广场的面积与比例尺度

3.1.1 广场的面积

广场面积及大小形状的确定取决于功能要求、观赏要求及客观条件等方面的因素。功能要求方面，如交通广场，取决于交通流量的大小、车流运行规律和交通组织方式等。集会广场，取决于集会时需要容纳的人数及游行行列的宽度，使它在规定的游行时间内能使参加游行的队伍顺利通行。影剧院、体育馆、展览馆前的集散广场，取决于在许可的集聚和疏散时间内能满足人流与车流的组织与通过。

观赏要求方面，要求广场上的建筑物及其纪念性、装饰性构筑物等要有良好的视线、视距。在体形高大的建筑物的主要立面方向，宜相应地配置较大的广场。如建筑物的四面都有较好的建筑造型，则在其四周需适当地配置场地，或利用朝向该建筑物的城市街道来显示该建筑物的面貌。但建筑物的体形与广场间的比例关系，可因不同的要求，用不同的设计手法来处理。有时在较小的广场上，布置较高大的建筑物，只要处理得宜，也能显示出建筑物高大的效果。

广场面积的大小，还取决于用地条件、生活习惯条件等客观情况。如城市位于山区，或在旧城市中开辟广场，或由于广场上有历史艺术价值的建筑需要保存，广场的面积就会受到限制。又如气候暖和地区，广场上的公共活动较多，则要求广场有较大的面积。此外，广场面积还应满足相应的附属设施的场地，如停车场、绿地种植、公共设施等。

3.1.2 广场的比例尺度

广场的比例尺度包括广场的用地形状、各边的长度尺寸之比、广场大小与广场上的建筑物的体量之比、广场上各组成部分之间相互的比例关系、广场上的整个组成内容与周围环境，如地形地势、城市广场以及其他建筑群等的比例关系。广场的比例关系不是固定不变的，例如，天安门广场的宽为500m，两侧的建筑——人民大会堂、革命历史博物馆的高度均在30～40m之间，高度与宽度比例为1：12，这样的比例会使人感到空旷，但由于广场中布置了人民英雄纪念碑、大型喷泉、灯柱、栏杆、花坛、草地，特别又建立了毛主席纪念堂，从而丰富了广场内容，增加了广场层次感，使人们并不感到空旷，而是舒展明朗。广场的尺度应根据广场的功能要求、广场的规模与人们的活动要求而定。大型广场中的组成部分应有较大的尺度，小型广场中的组成部分应有较小的尺度。踏步、石级、栏杆、人行道的宽度，则应根据人们的活动要求设计。车行道宽度、停车场地的面积等要符合行人的交通工具的尺度。

3.2 广场的限定与围合

广场是经过精心设计的外部空间，是从自然环境中被有目的地限定出来的空间。广场主要就是地面和墙壁所限定的。广场空间限定的主要手法是设置，包括点、线、面的设置。在广场中间设置标志物是典型的中心限定。围绕这个标志物，形成一个无形的空间。

从广场使用中可以看到人们总爱围绕一些竖向的标志物活动。中心限定能够形成一种向心的吸引作用。通过墙面、建筑、绿地围成所需的空间，是广场限定最常用的方法，不同的构筑物及围合方式会产生封闭与开放强弱不同的空间感觉。为了保证广场视觉上的连续，形成开阔整体感。同时又能划分出不同的活动空间，打破单调感，常运用矮墙和敞廊。广场的覆盖主要是指运用布幔、华盖或构架遮住空间，形成弱的、虚的限定。运用绿地大乔木形成林荫空间，在广场的覆盖中具有很强的实用性。广场地坪的升高与下沉，可以形成广场不同的空间变化。但升高与下沉要适度，避免造成人群活动的不便。广场地面质感的变化，主要是通过铺地的材质、植物配置组合图案的变化，造成不同的质感，以作为空间限定的辅助方法。

建筑物对于广场空间的形成具有重要的作用，传统的古典广场主要是由建筑物的墙面围合形成。通过建筑的围合，使广场具有一种空间容积感。

广场空间与周围建筑形态的关系：

（1）一般高层建筑物与低层建筑物共同围合形成广场空间，高层建筑物的裙房或低层的敞廊可以与邻近建筑物建立联系；

（2）主体建筑后退，以突出广场空间体量；

（3）有的主体建筑向广场空间内扩展，打破单一的空间形式，使广场空间变化多样；

（4）相互联系的广场空间通过廊柱及敞廊的过渡或围合形成广场空间，这种广场形式可以形成多样的、多层次广场的使用功能。

3.3 广场标志物与主题表现

广场的标志物与主题表现更能显现广场的个性和可识别性。在广场上设置雕塑、纪念柱、碑等标志物是表现广场主题内容的常用方法。一般布置在广场中央的标志物，宜体积感较强，无特别的方向性。成组布置的标志物应当具有主次关系，同时适宜于大面积或纵深较大的广场。标志物布置在广场的一侧，侧重于表现某个方向或轮廓线；而将标志物布置在广场一角，则更适用于按一定观赏角度来欣赏。

在布置标志物特别是雕塑纪念碑时，除了要按视觉关系进行考虑外，还要注意透视变形校正问题。人们在观察高大的物体时，由于仰视，必然会出现被视物体变形问题，包括物像的缩短、物像各部分之间比例失调，这些透视变形直接影响人们对广场雕塑或纪念碑的观赏。为了克服这种变形，最简单的办法是将雕塑的形体稍前倾，同对还要考虑重心问题，另外，前倾只能解决局部视点问题，广场雕塑纪念碑大都是四面观赏的。为了解决透视变形问题，最好是将原有各部分比例拉长，但这要视实际情况而定。

建筑对广场主题的表现至关重要。广场中的主要建筑决定了广场的性质，并占据支配地位，其他建筑则处于从属地位，提供连续感和背景的作用。这种主次关系不仅表现于位置，还在尺度、形态、人流导向上有明显的差异。许多现代广场周边的建筑群功能复杂，形式多样，统一感和连续性差，主体建筑在体量上和精神上都表现得不是十分明显。

广场周边的建筑与广场要有一种亲密关系，特别是对于集会广场。建筑要有较强的社会性，如与广场关系密切的公共建筑有市政府、美术馆、博物馆、图书馆等。另外，需防止过多重要的建筑围绕着一个广场，因为这样做较难解决它们在建筑形式上的冲突问题，同时城市其他部分往往会因为失去某种重要性而变得沉闷。一般来讲，广场周边有一两个重要的公共建筑，并且引入一些功能不同的其他建筑，特别是商业服务建筑，这样有利于在广场中形成变化和连续的活动。

3.4 广场的使用与活动

广场的绿地、建筑、铺地、设施等具体布置，主要应以公共活动为前提。从行为心理角度考虑，在广场设计中应注意以下几个方面：

（1）边界效应

行为观察表明，受欢迎的广场逗留区域一般是沿着建筑立面的地区和一个空间与另一个空间的过渡区，在那里同时可以看到两个空间。实际上广场上的活动也是如此，驻足停留的人倾向于沿广场边缘聚集，靠门面处、门廊之下、建筑物的凹处都是人们常常停留的地方。只有停留下来，才可能发生进一步的活动。活动是由边缘向中心扩展的。边界地区之所以受到青睐，因为处于空间的边缘为观察空间提供了最佳条件。人们站在建筑物的四周，比站在外面的空间中暴露得少一些。这样既可看清一切，个人又得到适当的保护。所以在广场设计中，要注意广场空间与周边建筑、广场交汇处小环境的设计处理。广场的边缘地区要有一定的活动空间和必要的小品布置，这样才能吸引过往行人，使他们自然而然地来到广场上活动。

（2）场地划分

在广场设计中。按照人们不同需要和不同活动内容，适当地进行场地划分，以适应不同年龄、不同兴趣、不同文化层的人们开展社交和活动的需要。在广场设计中，既要有综合性的集中的大空间，又要有适合小集体和个人分散活动的空间。场地划分是一种化大为小、集零为整的设计技巧，要避免相互干扰，广场作为一种高密度的公共活动场所，在空间上应以块状空间为主，尽量减少使用细长的线状空间。

广场上的活动，可以在水平面上划分，亦可将它抬高、下沉或起坡。活动界面的不同，其领域界限、视线、活动以至相互联系都有不同的效果。从公共活动的开放性与空间的延伸性角度看。无论是抬高或下沉，都容易影响不同领域间活动内容的联系和视线交流，容易造成视觉阴影区，形成空间的凝滞，从而成为活动的死区。所以在采用抬高和下沉界面时，须注意开放性设计。为了界面的变化及领域的划分，可以优先采用缓坡、慢丘、台阶等形式来丰富广场的空间形态。

（4）环境的依托

人们在广场中用于进出和行走的时间只占20%左右，而用于各种逗留活动的时间约占80%。然而，人们活动时很少把自己置于没有任何依托和隐蔽的众目睽睽的空地中，无论谈天、观看、静坐、站立、漫步、晒太阳……总是选择那些有依靠的地方就位。有学者认为，广场的可坐面积达到广场总面积的10%～26%时，对满足人的行为需要是比较合适的。对于依托物的选择，人们常常选在建筑台阶、凹廊、柱子、树下、街灯、花池栏杆、街道和建筑阴角、两建筑空隙间、山墙、屋檐下。人们在广场中活动除了选择依托之外，还需要有一个不受自然气候和使用时效限制的物理环境，如在烈日、寒风、雨雪、风沙的气候条件下。所以，有不少广场设计利用现代科技手段和建设条件，力求创造一种全天候的广场。

（5）活动的参与行为

人们在广场中充当什么样的角色，是检验广场环境质量的一个重要标准。所以，现代广场十分重视调动参与者的积极性，使人充当活动的主角，而不是处于被排斥或仅以旁观者的身份进入广场。参与活动是多种多样的，拍照、小吃、戏耍、玩水、谈天、观景、使用广场设施、交往、选购等都是一种参与行为。

3.5 广场的空间组织

广场的空间组织主要应满足人民活动的需要及观赏的要求。在广场的空间组织中，要考虑动态空间的组织要求。人们在广场上观赏，人的视平线能延伸到广场以外的远处，所以空间应是开敞的。如果人的视平线被四周的屏障遮挡，则广场的空间是比较闭合的。开敞空间中，使人视野开阔，特别是在较小的广场上，组织开敞空间，可减低广场的狭隘感。闭合空间中，环境较安静，四周景物呈现眼前，给人的感染力较强。在设计中，可适当开合并用，使开中有合，合中有开。让广场上有较开阔的区域，也有较幽静的区域。

（1）广场空间的设计要与广场性质、规模及广场上的建筑和设施相适应。广场空间的划分，应有主有从、有大有小、有开有合、有节奏的组织，以衬托不同景观的需要。如有纪念性质的烈士陵园的广场空间，一般采用对称、严谨、封闭的设计手法，并以轴线引导人们前进，空间的变化宜少，节奏宜缓，以造成肃穆的气氛。游憩观赏性的广场空间，可多变换，快节奏，收放自由，并在其中增设小品，造成活泼气氛。

广场空间的景观分近景、中景、远景。中景一般为主景，要求能看清全貌，看清细部及色彩。远景作背景，起衬托作用，能看清轮廓。近景作框景、导景，增强广场景深的层次感。静观时，空间层次稳定，动观时，空间层次交替变化。有时要使单一空间变为多样空间，使静观视线转为动观视线，把一览无余的广场景观转变为层层引导开合多变的广场景观。

（2）广场上的建筑物和其他设施的布置。建筑物是组成广场的要素。广场上除主要建筑外，还有其他建筑和各种设施。这些建筑和设施应在广场上组成有机的整体，主从分明。满足各组成部分的功能要求，并合理地解决交通路线、景观视线和分期建设问题。

广场中纪念性建筑的位置选择要根据纪念建筑物的造型和广场的形状来确定。纪念物是纪念碑时，无明显的正背关系，可从四面来观赏，宜布置在方形、圆形、矩形等广场的中心。当广场为单向入口时，或纪念性建筑物为雕像时，则纪念性建筑物宜迎向主要人口。当广场面向水面时，布置纪念性建筑物的灵活性较大，可面水，也可背水；可立于广场中央，也可立于临水的堤岸上；或以主要建筑为背景，或以水面为背景，突出纪念性建筑物。在不对称的广场中，纪念性建筑物的布置应使广场空间景观构图取得平衡。纪念性建筑物的布置应不妨碍交通，并使人们有良好的观赏角度。同时其布置还需要有良好的背景，使它的轮廓、色彩、气氛等更加突出，以增强艺术感染力。

广场上的照明灯柱与扩音设备等设施，应与建筑、纪念性建筑物协调。亭、廊、椅、宣传栏等小品体量虽小，但与人活动的尺度比较接近，有较好的观赏效果，它们的位置应不影响交通和主要的观赏视线。

3.6 广场的交通组织

广场还须考虑广场内的交通路线组织，以及城市交通与广场内各组成部分之间的交通组织。组织交通的目的，主要在于使车流通畅，行人安全，方便管理。广场内行人活动区域，要限制车辆通行。交通集散广场车流和人流应很好地组织，以保证广场上的车辆和行人互不干扰，畅通无阻。广场要有足够的行车面积、停车面积和行人活动面积，其大小根据广场上车辆及行人的数量决定。在广场建筑物的附近设置公共交通停车站、汽车停车场时，其具体位置应与建筑物的出入口协调。在规划设计时，应根据广场的有关功能，分别主次，进行综合考虑。

3.7 广场的地面铺装与绿地

广场的地面应根据不同的功能要求进行铺装，如集会广场需有足够的面积容纳参加集会的人数，游行广场要考虑游行行列的宽度及重型车辆通过的要求，其他广场亦须考虑人行、车行的不同要求。广场的地面铺装要有适宜的排水坡度，能顺利地解决广场地面的排水问题。有时因铺装材料、施工技术和艺术设计等的要求，广场地面导航须划分网格或各式图案，以增强广场的尺度感。铺装材料的色彩、网格图案应与广场上的建筑，特别是主要建筑和纪念性建筑物密切结合，起到引导、衬托的作用。广场上主要建筑前或纪念性建筑物四周应作重点处理，以示一般与特殊之别。在铺装时，要同时考虑地下管线的埋设，管线的位置要有利于场地的使用和便于检修。

绿地种植是美化广场的重要手段，它不仅能增加广场的表现力，而且还具有一定的改善生态环境的作用。在规整型的广场中多采用规则式的绿地布置，在不规整型的广场中采用自由式的绿地布置，在靠近建筑物的地区宜采用规则式的绿地布置。绿地布置应不遮挡主要视线，不妨碍交通，并与建筑组成优美的景观。应该大量种植草地、花卉、灌木和乔木，并考虑四季色彩的变化，以丰富广场的景观效果。

案例一：都江堰广场规划设计（图2-8）

石柱上水花飞溅，其下浪泉翻滚，夜晚彩灯之下，浮光掠影。彩灯光束呈杩槎之形，尤为动人。水波顺扇形水道盘旋而下，扇面上折石凸起，似鱼嘴般将水一分为二、二分为四、四分为八……细薄水波纹编织成一个流动的网，波光粼粼，意味深远，令人深思；蜿蜒细水顺扇面而下，直达太平步行街，取“遇弯裁角，逢正抽心”之意。广场的铺装和草地之上是三个没有编制完的、平展开来的“竹笼”。竹蔑（草带、水带或石带）之中心线分别指向“天府之源”。中部“竹笼”为草带方格，罩于平静的水体之上，中心为圆台形白色卵石堆。东部“竹笼”则以稻秧（后改为花岗岩）构成方格，罩于白色卵石之上，中置梯形草堆（后改为卵石堆）。西边“竹笼”则是红砂岩方格罩于草地之上。这些没有编织完的竹笼之平展方格同时象形于水利灌溉之下的种植文化（早在汉代石刻上就有种、养殖之地块分割图）。

图2-8　都江堰广场景点效果

1. 难点与解决对策

（1）整合场地　针对水渠将广场分割的现状，以向心轴线整合场地。轴线以青石导流，喻灌渠之意，隐杩槎之形。可观、可憩、可滋灌周边草树稻荷。同时在各条水渠之上将水喷射于对岸，夜光中如虹桥渡波。

1）人车分流。为避免人车混杂，干道处通过下沉广场和地道疏导人流。广场北侧半圆形水幕垂帘，茶肆隐于其中；南端水流盘旋而下，以扇形水势融于地面并成条石水埠之景。

2）强化鱼嘴。四射的喷泉展现了分水时的气势，突出了鱼嘴处水流的喧哗。水落而成的水幕又使鱼嘴及周围景致若隐若现，独具情趣。灯光之下，呈现的景观如彩虹飘带挂于灌渠之上。

3）分散人流。广场四处皆提供小憩、游玩之地，市民的活动范围将不再局限于现有的小游园处。

4）增强亲水性。设计后整个广场处处有水，注重亲水性的处理，重点有以下几个方面：①内江处水车提水，引水流于地面，游人触手可及。②广场南部以展开的竹笼之形，阡陌纵横之态，引水以入，市民可尽情在其间游玩。③蒲阳河上暗渠复现，但水浅流缓，人可涉而过之，倒影入水，人水交融。

5）重塑水闸。利用当地的石材-红砂岩，将闸房建筑进行改造。罩以红砂岩框，上悬垂藤植物，周围以白卵石铺装，兼悬水帘，将水闸以一种独具特色的建筑形象融入广场的环境于氛围。

6）广场上水流穿插、稻香荷肥、绿草如茵、树影婆娑，一改以往水泥铺地的呆板，营造出一片绿意与生机，成为都江堰市一处难得的生态绿地、市民休闲的极佳空间环境。

7）营造生活情趣。广场的设计因袭当地的市民文化和村落街坊共赏院落格局，注重意境的创造，强调精制的细节。茶肆遍布，处处隐于林中；南端小桥流水，别具情趣；阡陌中或石或水，妙趣横生；树林草地上，座椅遍布，市民或坐或倚、或读或聊；青石渠、红砂路，水、树、人融于一体。

8）交通体系。将城市交通干线移出广场区域，限制穿越广场的车流。未来的停车场宜位于拟建博物馆一带，这样既便于参观博物馆和通达广场，又可减少车流对广场的干扰。

9）周边建筑。注重风格的统一，并强化地方特色和时代感。剔除杂乱建筑，有重点有目的地进行建设，同时有强化建筑周围环境绿化的效果。以凤凰宾馆为例，采用具地方特色的红砂岩框将其进行改造处理，古中有新，又很有时代感。

10）河畔处理。广场临水段预留不少于8m的步行道和草地，用作防洪抢险通道。同时建议加强沿河两侧的整体绿化工程，并延伸至下游，重建扇形绿色通道，以充分发挥水的生态作用，将其创建成都江堰市集休闲、娱乐、生态功能为一体的绿色生态走廊。

（2）灯光及广告　灯光是为夜晚增添情趣和闪光点的关键。都江堰市气候较好，夜间活动可持续很晚，因此可将广场设计为不夜之城，除一般照明外，要以艺术照明的手段点缀其间。广场未来作为都江堰的核心和游客的集中地，在合适的部位设置广告牌，有助于让游人了解都江堰的发展及工商业状况。部分广告牌可与灯柱结合，多媒体广告牌可设在现电视大楼之东侧裙房屋顶。

2．广场的艺术设计

广场的艺术设计来源于对地域自然和历史及文化的体验和理解，也来源于对当地生活的体验，综合起来是对地方精神的感悟。李冰治水的悠远故事，竹笼和杩槎的治水技术，红砂岩的导水渠和分水鱼嘴的巧妙，川西建筑的穿斗结构和红木花窗，阳春三月走进川西油菜花地中的那种纯黄和激动，还有那井院中的卵石和竹编的篱笆，老乡的竹编背篓，悠闲静坐的老人，围坐在茶桌边的姑娘，麻辣酸的鱼腥草……一切都在为这场地的设计提供语言和词汇。艺术处理的景观有：①导水漏墙：源于竹笼和导水槽的艺术，集中体现在广场中部斜穿广场的石质栅格景墙上。该景墙采用10cm×10cm镂空，斜向方格机理，顶部为导水槽。并起到了分割广场空间的作用，同时由于其为通透的漏墙，使广场分而不隔，丰富了广场的空间和景致。近百米长的栅格景墙强化了南北向的轴线关系，中间是广场的主题雕塑“投玉入波”，景墙与“投玉入波”之间通过3根高3m的灯柱来虚接。景墙与太平街的联系通过一个井院式卵石广场做转折。②杩槎天幔：广场设计时阳春三月，天府之国，菜花遍地；行游其中，激情荡漾，流连忘返。再寻觅三千年前文脉，得杩槎治水之妙道。因此遍插铜柱，斜立有致，侧观如杩槎群，上悬黄色天幔，如若遍地黄花。夜光之下，更为灿烂。③灯柱及栏杆系列：采用相同的栅格语言，广场上布置了一系列灯柱，构成广场的主要竖向结构。外为花岗岩材质，内衬毛玻璃，夜晚可形成独特风景。竹笼的编制格式语言被体现在广场设计的任何一个细部，包括所有临水栏杆和过江的两座吊桥。④微空间设计：生活和休闲本身就是艺术，都江堰人的休闲方式为公共场所的空间设计提供了不尽的艺术灵感。广场的北端自然成为老人聚首的场所，这是当地人休闲方式的表达。设计5m见方的小尺度空间，为这种休闲方式提供了充足的座凳和观与玩的场所。广场西南角是一处下沉式观演场所，通过叠石和乱石、环境艺术品及种植设置了多样化的空间；广场南端利用地势，形成下沉跌水空间，并和荫棚长廊相结合，构成一条林下休闲场所。导水漏墙的落水处为一卵石铺垫的院落，柱廊围合，中为水井，吸纳漏墙跌水。自院内循墙北望，但见白水一注自闽山而来。“天府之源”意在其中。

案例二：加拿大文化博物馆广场设计（图2-9～2-12）

“都市草原”彰显着和谐、大气和创造力。这个具有象征意义的非凡创意，力求在这片充满文化气息的博物馆中给人带来另一番体验。这些文化元素与加拿大景观中的自然元素以及蕴藏于博物馆道格拉斯主教大楼的自然元素同样重要。种植着各种本地草种的草地拥有大草原的韵味，又与大草原有着显著的差别，那就是人工与天然之间的博弈。草丛是四季常青的，为打造自然和文化相融合的博物馆拉开了序幕，充分利用其地形特点，根据周围环境的建筑风格，勾勒出一幅加拿大西部绵延起伏的草原景象。

加拿大文化博物馆两座建筑的设计传承了加拿大景观设计的经典。博物馆大楼代表冰川，博物馆侧楼则象征加拿大地盾。设计师抓住机会，巧妙地设计出了和两座大楼一样具有象征意义的景观经典之作——大草原。设计师在硬质路面上添置了五个人工山丘，成就了都市草原。在山丘横向种植了6种本地草种，随着季节的变化呈现出绿色、黄色、红色的彩带，草地和具有冰川特点的博物馆大楼使这里的微气候得到了改善。五彩缤纷的本地野花点缀在草原上——银莲花在春天绽放；夏秋季，细部红百合、天人菊、野生佛手柑、鼠尾草争奇斗艳。几棵矗立的乔木、松树与横向延展的草原和建筑形成了鲜明的对比，增加了立体感。

图2-9　加拿大文化博物馆广场概念性景观设计

图2-10　加拿大文化博物馆广场景观效果1

图2-11　加拿大文化博物馆广场景观效果2

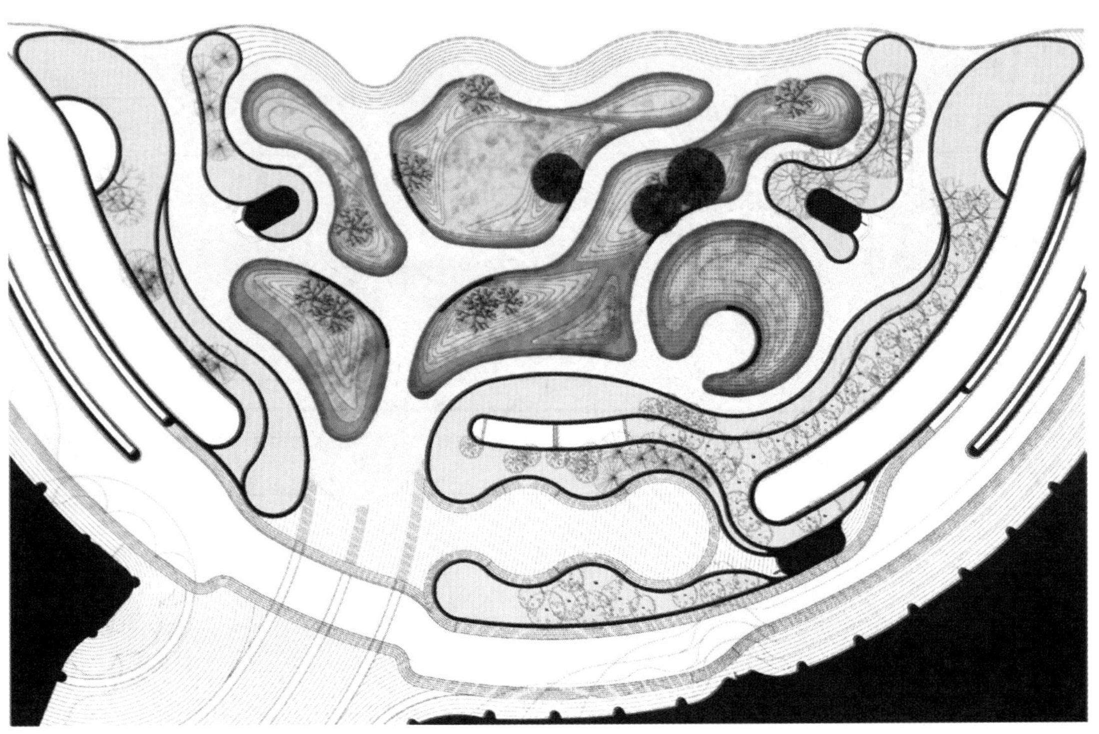

图2-12　加拿大文化博物馆广场平面图

计 划 单

<table>
<tr><td>学习领域</td><td colspan="3">园林规划设计</td></tr>
<tr><td>学习情境2</td><td>广场规划设计</td><td>学时</td><td>2</td></tr>
<tr><td>计划方式</td><td colspan="3">小组成员团队合作共同制订工作计划</td></tr>
<tr><td>序号</td><td>实施步骤</td><td colspan="2">使用资源</td></tr>
<tr><td>1</td><td></td><td colspan="2"></td></tr>
<tr><td>2</td><td></td><td colspan="2"></td></tr>
<tr><td>3</td><td></td><td colspan="2"></td></tr>
<tr><td>4</td><td></td><td colspan="2"></td></tr>
<tr><td>5</td><td></td><td colspan="2"></td></tr>
<tr><td>6</td><td></td><td colspan="2"></td></tr>
<tr><td>7</td><td></td><td colspan="2"></td></tr>
<tr><td>8</td><td></td><td colspan="2"></td></tr>
<tr><td>9</td><td></td><td colspan="2"></td></tr>
<tr><td>10</td><td></td><td colspan="2"></td></tr>
<tr><td>制订计划说明</td><td colspan="3"></td></tr>
<tr><td rowspan="3">计划评价</td><td>班级：</td><td>第　　组</td><td>组长签字：</td></tr>
<tr><td colspan="2">教师签字：</td><td>日期：</td></tr>
<tr><td colspan="3">评语：</td></tr>
</table>

材料工具清单

学习领域	园林规划设计						
学习情境2	广场规划设计				学时		2
项目	序号	名称	作用	数量	型号	使用前	使用后
所用仪器设备	1	电脑					
	2	打印机					
	3	扫描仪					
	4						
	5						
	6						
所用材料	1	图纸					
	2	铅笔					
	3	彩铅					
	4	橡皮					
	5	透明胶					
	6						
所用工具	1	小刀					
	2	刀片					
	3	图板					
	4	丁字尺					
	5	比例尺					
	6	三角尺					
	7	针管笔					
	8	马克笔					
	9	圆模板					
	10						
班级	第　　组		组长签字： 教师签字：				

作 业 单

<table>
<tr><td>学习领域</td><td colspan="5">园林规划设计</td></tr>
<tr><td>学习情境2</td><td colspan="3">广场规划设计</td><td>学时</td><td>12</td></tr>
<tr><td>作业方式</td><td colspan="5">上交一套设计方案（手绘或计算机辅助设计图纸和设计说明）</td></tr>
<tr><td>1</td><td colspan="5">对当地某段未设计好的城市广场绿地景观设计</td></tr>
<tr><td colspan="6">一、操作步骤
1. 对广场绿化优秀作品进行分析、学习。
2. 进行实训操作动员和设计的准备工作。
3. 对初步设计方案进行分析、指导。
4. 修改、完善设计方案，并形成相对完整的设计方案。
二、操作方式
1. 采用室外现场参观等形式，对广场景观进行分析、点评。
2. 对广场景观设计优秀作品分析讲评。
3. 拟定具体的广场绿化建设项目进行方案设计。
三、操作要求
所有图纸的图面要求表现力强，线条流畅、构图合理、清洁美观，图例、文字标注、图幅等符合制图规范。设计图纸包括：
1. 广场绿地设计总平面图。表现各种造园要素（如山石水体、园林建筑与小品、园林植物等）。要求功能分区布局合理，植物配置季相鲜明。
2. 透视或鸟瞰图。手绘广场绿地实景，表现绿地中各个景点、各种设施及地貌等。要求色彩丰富、比例适当、形象逼真。
3. 园林植物种植设计图。表示设计植物的种类、数量、规格、种植位置及类型和要求的平面图样。要求图例正确、比例合理、表现准确。
4. 局部景观表现图。用手绘或者计算机辅助制图的方法表现设计中有特色的景观。要求特点突出，形象生动。
另外，设计说明语言流畅、言简意赅，能准确地对图纸补充说明，体现设计意图。</td></tr>
<tr><td rowspan="4">计划评价</td><td colspan="2">班级：</td><td colspan="2">第　　组</td><td>组长签字：</td></tr>
<tr><td colspan="2">学号：</td><td colspan="3">姓名：</td></tr>
<tr><td>教师签字：</td><td colspan="3">教师评分：</td><td>日期：</td></tr>
<tr><td colspan="5">评语：</td></tr>
</table>

决 策 单

<table>
<tr><td>学习领域</td><td colspan="7">园林规划设计</td></tr>
<tr><td>学习情境2</td><td colspan="5">广场规划设计</td><td>学时</td><td>4</td></tr>
<tr><td colspan="8">方案讨论</td></tr>
<tr><td rowspan="11">方案对比</td><td>组号</td><td>构思</td><td>布局</td><td>线条</td><td>色彩</td><td>可行性</td><td>综合评价</td></tr>
<tr><td>1</td><td></td><td></td><td></td><td></td><td></td><td></td></tr>
<tr><td>2</td><td></td><td></td><td></td><td></td><td></td><td></td></tr>
<tr><td>3</td><td></td><td></td><td></td><td></td><td></td><td></td></tr>
<tr><td>4</td><td></td><td></td><td></td><td></td><td></td><td></td></tr>
<tr><td>5</td><td></td><td></td><td></td><td></td><td></td><td></td></tr>
<tr><td>6</td><td></td><td></td><td></td><td></td><td></td><td></td></tr>
<tr><td>7</td><td></td><td></td><td></td><td></td><td></td><td></td></tr>
<tr><td>8</td><td></td><td></td><td></td><td></td><td></td><td></td></tr>
<tr><td>9</td><td></td><td></td><td></td><td></td><td></td><td></td></tr>
<tr><td>10</td><td></td><td></td><td></td><td></td><td></td><td></td></tr>
<tr><td>方案评价</td><td colspan="4">学生互评：</td><td colspan="3">教师评价：</td></tr>
<tr><td colspan="2">班级：</td><td colspan="2">组长签字：</td><td colspan="2">教师签字：</td><td colspan="2">日期：</td></tr>
</table>

教学反馈单

学习领域	园林规划设计			
学习情境2	广场规划设计	学时	2	
序号	调查内容	是	否	理由陈述
1	你是否明确本学习情境的学习目标？			
2	你是否完成了学习情境的学习任务？			
3	你是否达到了本学习情境对学生的要求？			
4	资讯的问题你都能回答吗？			
5	城市广场绿地设计专用术语能正确理解吗？			
6	能对各级各类城市广场系统分析其基本类型吗？			
7	你了解城市绿地率指标吗？			
8	你了解所在城市的绿地率吗？			
9	你能进行城市广场绿地规划设计了吗？			
10	你是否喜欢这种上课方式？			
11	通过几天的工作和学习，你对自己的表现是否满意？			
12	你对本小组成员之间的合作是否满意？			
13	你认为本学习情境对你将来的学习和工作有帮助吗？			
14	你认为本学习情境还应学习哪些方面的内容？			
15	本学习情境学习后，你还有哪些问题不明白？哪些问题需要解决？			
你的意见对改进教学非常重要，请写出你的建议和意见：				
被调查人姓名：		调查时间：		

学习情境3

居住区绿地规划设计

任 务 单

【学习领域】

园林规划设计

【学习情境3】

居住区绿地规划设计

【学时】

40

【布置任务】

学生在接到设计项目后，先与建设方沟通，了解建设要求和目的、建设内容、投资金额、设计期限等；此后要进行现场踏勘及资料的搜集，对项目所在地的气候、地形地貌、土壤、水质、植被、建筑物和构筑物、交通状况、周围环境及历史、人文资料和城市规划的有关资料进行搜集和深入研究；在此基础上做出总体方案初步设计，经推敲后确定总平面图，并绘制功能分区规划图、地形设计图、植物种植设计图、建筑小品平面图、立面图、剖面图、局部效果图或总体鸟瞰图等图纸；再完成设计说明的撰写；最后向建设方汇报方案。

【学时安排】

资讯6学时；计划6学时；作业18学时；决策4学时；评价6学时。

【参考资料】

1. 《城市居住区规划设计规范》（GBJ137-90）
http：//www.jianshe99.com/html/2006%2F12%2Fzh072973517182216002103 97.html
2. 徐文辉.城市园林绿地系统规划.武汉：华中科技大学出版社，2009
3. 周初梅.园林规划设计.重庆：重庆大学出版社，2006
4. 方咸孚，李海涛.居住区的绿化模式.天津：天津大学出版社，2001
5. 朱建达，小城镇住宅区规划与居住环境设计.南京：东南大学出版社，2001
6. 黄东兵.园林绿地规划设计.北京：高等教育出版社，2006
7. 赵建民.园林规划设计.北京：中国农业出版社，2001
8. 卢新海.园林规划设计.北京：化学工业出版社，2005
9. 胡先祥.园林规划设计.北京：机械工业出版社，2007
10. 董晓华.园林规划设计.北京：高等教育出版社，2005
11.（日）高野好造.日式小庭院设计.福州：福建科学出版社，2007
12. 叶徐夫，王晓春.私家庭院景观设计.福州：福建科学出版社，2008

资 讯 单

【学习领域】

园林规划设计

【学习情境3】

居住区绿地规划设计

【学时】

8

【资讯方式】

在专业图书资料、期刊、互联网及信息单上查询问题答案，或向任课教师咨询。

【资讯问题】

1. 居住区的绿地分类有哪些？

2. 居住区各级中心公共绿地的最小面积、最大服务半径以及相应设置要求有哪些？

3. 组团绿地的设计要点是什么？

4. 宅旁绿地的设计要点是什么？

5. 怎样确定居住区绿地的指标？

6. 居住区绿地设计应遵循哪些基本原则？

7. 居住区小游园的形式有哪几种？各自的特点是什么？

8. 根据建筑组合的不同，组团绿地的位置选择有哪几种方式？

9. 居住区道路绿化应注意什么问题？

10. 居住区树种选择时要注意什么？

【资讯引导】

1. 查看参考资料。

2. 分小组讨论，充分发挥每位同学的能力。

3. 相关理论知识可以查阅信息单上的内容。

4. 对当地居住区绿地现状要进行实地踏查，拍摄照片、手绘现状图等，将相关资料通过各种可能的方法进行搜集。

信 息 单

【学习领域】
园林规划设计
【学习情境3】
居住区绿地规划设计
【学时】
8
【信息内容】

1. 居住区绿地设计的基本知识

1.1 居住区及居住区绿地的概念

广义的居住区是指人类聚居的区域。狭义的居住区指由城市主要道路所包围的独立的生活居住地段。一般在居住区内应设置有比较完整的日常性和经常性的生活和服务设施，这些生活、服务性设施能够满足人们基本物质及文化生活需要。

居住区绿地是居住区环境的主要组成部分，一般指在居住小区或居住区范围内，住宅建筑、公建设施和道路用地以外布置绿化、园林建筑和园林小品，为居民提供游憩活动场地的用地。

居住区作为人居环境最直接的空间，是一个相对独立于城市的“生态系统”。它是为人们提供休息、放松的场所，使人们的心灵和身体得到放松，在很大程度上影响着人们的生活质量。现代居住区的建设，针对为人们提供“人性关系”的环境之目的，在不同的居住区概念、居住区模式和居住环境设计上进行了多方面的尝试和探索。居住区绿地在城市园林绿地系统中分布最广，是普遍绿化的重要方面，是城市生态系统中重要的一环。

1.2 居住区绿地的功能

居住区绿化是城市园林绿地系统中的重要组成部分，是改善城市生态环境的重要环节。生活居住用地占城市用地的50%～60%，而居住区用地占生活居住用地的45%～55%。在这大面积范围内的绿化，是城市点、线、面相结合中的“面”上绿化的一环，面广量大，在城市绿地中分布最广、最接近居民、最为居民所经常使用，使人们在工余之际，生活、休息在花繁叶茂、富有生机、优美舒适的环境中。居住区绿化为人们创造了富有生活情趣的环境，是居住区环境质量好坏的重要标志。随着人民物质、文化生活水准的提高，不仅对居住建筑本身，而且对居住环境的要求也越来越高，因此，居住区绿化有着重要的作用，概括而叙，主要有以下几方面。

（1）保护居住区环境，形成局部小气候。居住区绿化以植物为主体，对净化空气、减少尘埃、吸收噪音，保护居住区环境方面有着良好的作用，同时也有利于改善小气候、遮阳降温、调节湿度、减低风速等，在炎夏无风时，由于温差而促进空气交换，造成微风。

（2）造景作用。婀娜多姿的花草树木，丰富多彩的植物布置，以及少量的建筑小品、水体等点缀，并利用植物材料分隔空间，增加层次，美化居住区的面貌，使居住区建筑群更显生动活泼。

（3）为居民创造良好的户外环境。在良好的绿化环境下，组织、吸引居民的户外活动，使老人、少年儿童各得其所，能在就近的绿地中游憩、活动，使人赏心悦目，精神振奋，可形成良好的心理效应。

（4）创造经济价值。居住区绿化中选择既好看，又有经济价值的植物进行布置，使观赏、功能、经济三者结合起来，取得良好的效果。

（5）防灾避难。在地震、战时利用绿地疏散人口，有着防灾避难，隐蔽建筑的作用，绿色植物还能过滤、吸收放射性物质，有利于保护人们的身体健康。

由此可见，居住区绿化对城市人工生态系统的平衡、城市面貌的美化、人们心理状态的调节都有显著的作用。近几年来，在居住区的建设中，不仅注重改进住宅建筑单体设计、商业服务设施的配套建设，而且重视居住环境质量的提高，在普遍绿化的基础上，注重艺术布局，崭新的建筑和优美的环境相结合。已经建成了一大批花园式住宅，鳞次栉比的住宅建筑群掩映于花园之中，把居民日常生活与园林的观赏、游憩结合起来，使建筑艺术、园林艺术、文化艺术相结合，把物质文明与精神文明建设结合起来，体现在居住区的总体建设中。

1.3 居住区用地的组成

居住区用地按功能可分下列四类：

（1）住宅用地：指住宅建筑基底占地及其四周合理间距内的用地（含宅间绿地和宅间小路等）的总称。该项用地所占比例最大，一般占居住区总用地的50%左右。

（2）公共服务设施用地：一般称公建用地，是与居住人口规模相对应配建的、为居民服务和使用的各类设施的用地，应包括建筑基底占地及其所属场院、绿地和配建的停车场等。

（3）道路用地：指居住区道路、小区路、组团路及非公建配建的居民汽车地面停放场地。

（4）公共绿地：指满足规定的日照要求、适合于安排游憩活动设施的、供居民共享的集中绿地，应包括居住区公园、小游园和组团绿地及其他块状、带状绿地等。

此外还有在居住区范围内，不属于居住区的其他用地。如大范围的公共建筑与设施用地，居住区公共用地，单位用地及不适宜建筑的用地等。

1.4 居住区绿地的组成

（1）居住区公共绿地：根据居住区规划结构形式，公共绿地相应采用三级或二级布置，即居住区公园——居住小区中心游园；居住区公园——居住生活单元组团绿地；居住区公园——居住小区中心游园——居住生活单元组团绿地。

（2）公共建筑及设施专用绿地：指居住区内各类公共建筑和公用设施的环境绿地，如居住区中小学、幼儿园、托儿所、医院、俱乐部、影剧院、旅馆等用地的环境绿地。

（3）道路绿地：居住区主要道路两侧或中央的道路绿化带用地。

（4）宅旁和庭园绿化：居住建筑四周的绿化用地，是最接近居民的绿地。

1.5 居住区绿地定额

居住区绿地定额指国家有关条文规范中规定的居住区规划布局和建设中必须达到的绿地面积的最低标准。通常有居住区绿地率、绿化覆盖率、公共绿地人均指标、一般绿地人均指标。

（1）居住区绿地率：指居住区用地范围内各类绿地面积的总和占居住区总面积的百分比（%）。其中绿地包括：公共绿地、宅旁绿地、公共服务设施所属绿地和道路绿地，还包括满足当地植树绿化覆土要求、方便居民出入的地下或半地下建筑的屋顶绿地，但不应包括屋顶、晒台的人工绿地。

1993年我国制订的国家标准《城市居住区规划设计规范》（GB50180—93）及其他相关行业标准中，规定新建居住区绿地率不应低于30%，旧居住区改造不应低于25%。

（2）居住区内公共绿地人均指标：包括公共花园、儿童游戏场、道路交叉口绿地、广场花坛等以花园形式布置的绿地，用居住区内人均占有面积（m^2/人）表示，反映居住区的绿化水平。居住区内公共绿地人均指标，应根据人口规模分别达到：组团绿地不小于0.5m^2/人，居住小区公共绿地（包括居住区小游园和组团绿地）不小于1m^2/人，居住区公共绿地（包括居住区公园、居住区小游园和组团绿地）不小于1.5m^2/人。

（3）一般绿地人均指标：即宅旁绿地、公共建筑绿地、临街绿地、结合河流山丘的成带、成片绿地，以及其他设在居住区内的苗圃、花圃、果园等。也就是除公共绿地以外，被树木花草覆盖的地面，以人均占有面积（m^2/人）表示，反映居住区绿地的数量水平。

（4）覆盖率：包括居住区用地上栽植的全部乔、灌木的垂直投影面积，以及花卉、草皮等地被植物的覆盖面积，以占居住区总面积的百分比表示，反映居住区绿化的环境保护效果。

1.6 居住区绿地设计的原则要求

人们利用闲暇时间去公园绿地活动已成为城市生活的一部分。但是与居民日常生活息息相关，使用率高的不是城市大公园，而是居住区绿地或居住区附近的小游园。虽然后者与前者比，规模小，内容不够丰富，但因靠近人们的住所，使用十分方便。美国城市规划专家的研究表明，虽然城市公园对居民的需要来说十分重要，但是只有离公园不超过3分钟的间距的人才会日常使用它。那些住在距公园3分钟以外的城市居民并非不需要它，但距离使他们却步。因此针对居民的室外活动需求，搞好居住区内部的绿地布置十分重要。然而要吸引人们到绿地去活动又必须具备如下条件。

（1）可达性：绿地尽可能的接近居民，便于居民随时进入。公共绿地无论集中或分散设置，都必须尽可能接近住所，便于居民随时进入，设在居民经常经过并可自然到达的地方。

（2）功能性：绿化布置要讲究实用并“三季有花，四季常青”，同时还应考虑经济效益。通常将绿地集中起来放在小区的几何中心，对方便居民使用和保持绿地内的安静有好处。但要因地制宜，也可结合地形放在小区的一侧，或分成几块，或处理成条状，不要千篇一律。

（3）亲和性：让居民在绿地内感到亲密与和谐，居住区绿地面积一般不大，因此必须掌握好绿化和各项公共设施及各种小品的尺度，使他们平易近人。

（4）系统性：居住区绿地是由植物、地面、水面及各种建筑小品组成，规划设计时必须将绿地的构成元素结合周围建筑的功能特点、居民的行为心理需求和当地的文化艺术因素等综合考虑，形成一个具有整体性的系统。

（5）全面性：居住区绿化要满足各类居民的不同需求，因此，绿化设施必须要有各种不同设置。

（6）艺术性：居住区绿化应以植物造景为主进行布局，突出美学观点，适当布置园林建筑小品。

2. 居住区绿地设计

2.1 居住区公共绿地设计

2.1.1 *居住区公园设计*

居住区公园是为整个居住区的居民服务的。通常布置在居住区中心位置，以方便居民使用。居民步行到居住区公园约10min左右的路程，服务半径以800～1000m为宜。

居住区公园面积通常较大，相当于城市小型公园。其规划布局与城市市、区级综合性公园相似，内容比较丰富、设施比较齐全；有一定的地形地貌、小型水体、功能分区和景色分区；构成要素除树木花草外，有适当比例的小品建筑、场地设施；居住区公园由于面积较市、区级公园小，空间布局较为紧凑，各功能区或景区空间节奏变化较快。

居住区公园为区内的居民服务，相对单一的服务对象决定了居住区公园必须根据居民的使用要求进行规划设计。首先要适合居民的休息、交往、娱乐，有利于居民心理、生理的健康；重点考虑适于活动的广场、充满情趣的雕塑、树林草地、停坐休息设施。游憩应关注常去或喜欢去居住区公园的老人和青少年儿童的需求，在设施的种类、数量的设置、位置的安排、形式的选择上均要考虑他们使用的方便。

居住区公园布置紧凑，各功能分区或景区间的节奏变化快，这就要求规划设计在重视功能分区的同时，注意动与静、开敞与私密空间的分隔，使居民的各种日常活动都能找到适宜的场所。另外，与城市公园相比，居民的游园时间多集中在一早一晚，特别是夏季的晚上是游园高峰，所以应该加强晨练场所和夜间照明的设计，灯具的造型以及夜香植物的布置，突出居住区公园的特色。

绿化设计上，重要景观节点如居住区公园入口、中心广场周围等，大多以观赏价值高的乔木或灌木为主景。以乔木做主景时，一般采用孤植、丛植或列植等配置形式；以灌木做主景时，采用群植或丛植的配置形式。开敞活动区应选用夏季遮阴效果好的落叶大乔木，配以色彩丰富的花灌木或少量花卉，结合铺装、石凳、桌椅及儿童活动设施等，布置成树林草地形式。居住区公园边缘用常绿绿篱分隔空间，并成行种植大乔木，以减弱喧闹声对周围住户的影响。植物配置要注意乔木与灌木、常绿植物与落叶植物的关系，强化景观的层次感和空间感，如可以用树形优美的落叶大乔木界定上层空间，以常绿乔灌木结合观花、叶、果及芳香植物形成景观感受的中层界面，下层配以耐阴的低矮花灌木、地被或草坪。

案例分析：嘉城·绿都居住区公园设计（图3-1）

图3-1　嘉城•绿都公园设计总平面图

①主入口 ②管理房 ③莺语小憩 ④紫藤花架 ⑤嵌草台阶 ⑥茶室 ⑦临水平台 ⑧月亮岛 ⑨美人鱼沙滩 ⑩通话长廊 ⑪演艺广场 ⑫欢乐角 ⑬仿木栈道 ⑭亲水台地 ⑮金秋亭 ⑯五谷农田 ⑰康乐花园 ⑱棋廊 ⑲健身广场 ⑳次入口 ㉑读书亭 ㉒厕所 ㉓停车场 ㉔公园服务中心 ㉕稻草人草坪 ㉖阳光草坪 ㉗葵花岛 ㉘渔乐平台 ㉙公园标牌

1. 现状概述

嘉城•绿都公园位于浙江省嘉兴市07省道与双溪路（规划中）交叉处西北角，公园西面、南面分别临小嘴河、屠肖浜，东面紧临双溪路，总用地面积约53600㎡。基地四周高中间低，地势缓。植物主要为原城市绿化片林，以无患子、香樟为主，树木规格小，形态差。

2. 现状分析

公园定位为居住区公园，以创造优美绿色自然环境为基本任务，并根据其功能确定特有的内容。

（1）交通：公园位于城市东北面，临07省道，周边道路正在规划建设中，目前交通不是很理想。

（2）范围：公园基地面积53600㎡，适宜公园定位。

（3）社区文化：场地旁为嘉兴最大的拆迁小区。社区的特征：a、空间——地域特性，在行政上有一定的界限。更多的考虑其所在的城市特性如江南水乡、桑林春禾。b、人口——成员特性，此小区人员主要为城镇拆迁人员，绝大多数为农村人员，因此在公园功能、特征、设施上以此为依据如设施的耐用性，易洁性。c、组织——结构特性，对于社区被视作一个具有独立社会认知和功能的社会单元，其组织形式没有一个明晰的标准。社区成员间只有小部分的利益共性，更多地表现为多样性，而解决社区成员间的矛盾、利益等系列社会问题，得到共识的理念：参与。对于公园的设计更多的考虑活动场地的设置、布局形成人的参与和交流空间。顾节墩在浙江嘉兴县东门外七里，又名读书堆。相传为顾野王读书处，旧有接待院，明洪武时定为白莲讲寺，今废。冯玄鉴在《顾山子卜居读书墩》中留有诗句："不为卜居风物好，读书仍上读书墩"。通过相关书籍的查找，挖掘典故历史，赋予场所浓郁的文化内涵。

（4）植被：场地内植物为城市绿化片林，主要为无患子、香樟，规格小、姿态差，没有利用价值；基地地势平坦，土质较佳，东南角为原民居地基土质相对较差。

（5）水系：公园周边水系水质一般，驳岸线形态较好，为生态工程驳岸。水文资料欠缺，在后续工作中须补充。

3. 设计依据

《公园设计规范》（CJJ48—92）；《园林绿化技术规程（试行）》（DB33/T1009—2001）；甲方提供的电子文件、现场踏勘。

4. 设计原则

（1）经济、适用、美观的原则，注重公园场地及小品设施的功能性和实用性。

（2）以人为本的原则：从物质和精神两个层面关注社会各类群体生活休闲的需要，更多地注重儿童、老年人的活动需求。

（3）亲水的原则，设计中更多地考虑了人所具有的亲水特性，设计了不同的亲水形式，无论水面的涨落，人们都能达到亲近水面的目的。且通过水系的营造表现嘉兴江南水乡的特色。

（4）重"绿"原则，通过植物造景，创造优美的绿色自然环境，同时注重使用地方树种。

5. 设计理念和构思

（1）洞悉场地：探索场地的内在规律，挖掘其潜在的自然要素和人文内涵，并将其通过景观实体表现出来，让人来感知、来体会，这就是他们的空间，遗失已久的“记忆”空间。

（2）融合设计：设计是个综合体，要融合多种因素，让更多的人感受到自然与人文的交融，公园与城市的融合。

（3）情感体验：场所的布局设置，让更多的人能参与其中，得到情感的交流，实现人与人、与环境的和谐。

6. 规划布局（图3-2）

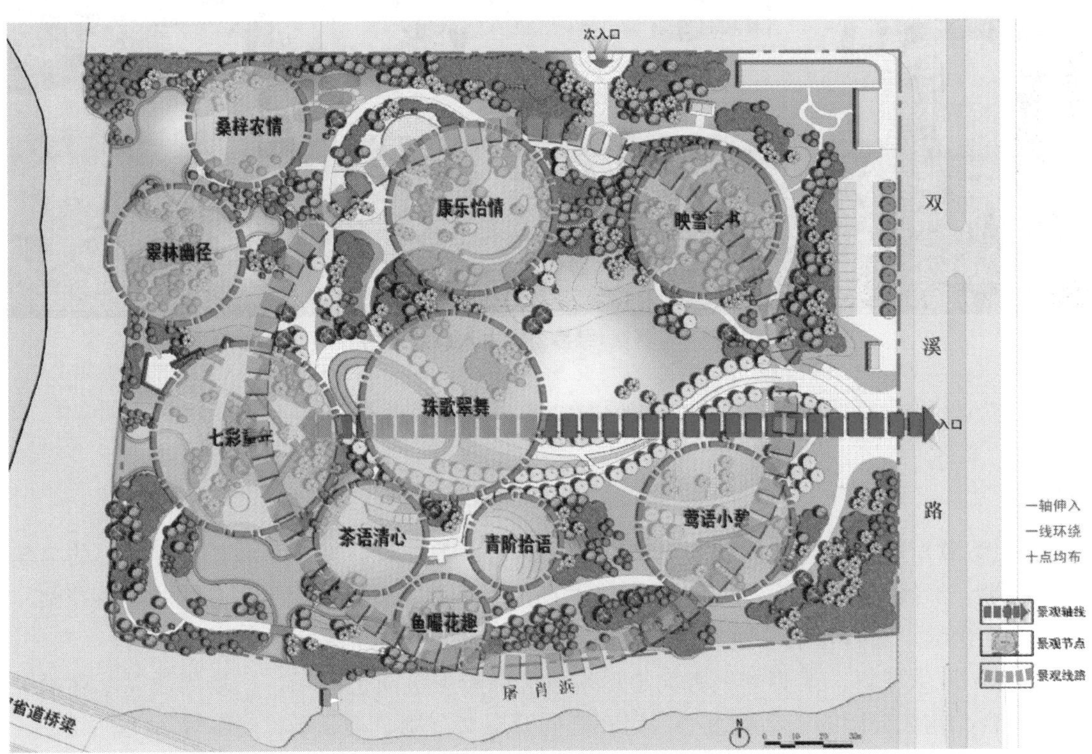

图3-2　嘉城•绿都公园景观分析图

（1）一个主题，两条线路。

以主入口为始端向西延伸，通过平缓的地形，开阔的空间塑造丰富的人文生活景观，从小憩疏林、银杏大道、演艺广场到儿童天地，从不同角度满足市民休闲娱乐需求，成为一条文化娱乐轴线（图3-3）。公园外围利用复杂的土方地形结合水系、植物，构成跌水、堆山、密林、亭廊等自然景观系列，形成一安静休闲的自然景观环线。公园布局以柔美的曲线为特征，以入口“花”之造型为特色和点缀的园艺参与区，不经意间唤起人们对“乡间生活的遐想”。

（2）公园设十个景观节点：莺语小憩、珠歌翠舞、七彩童年、青阶拾语、鱼嚼花趣、茶语清心、翠林幽径、桑梓农情、康乐怡情、映雪读书。

图3-3　嘉城•绿都公园主入口效果图

（1）莺语小憩。碧绿的草坪上点缀大规格马褂木，块石嵌在草间，设置一定的自然条石坐凳，纵线上与南面场地相连。以南面场地为重心，设置一组造型独特的单挑花架，放置树池坐凳，结合背景林地形成一低声窃语，驻足小憩的美妙场所（图3-4）。

（2）珠歌翠舞。柔美的银杏大道尽端设椭圆形下沉演艺广场，广场周边以草坪坐凳组合围合，构成公园的一活动重心，可在其间开展交谊舞、小剧场、晨练等活动。

（3）七彩童年。此区域为儿童活动中心，目的是让孩子们在大自然中充分显露活泼的天性和培养动手能力，让孩子们融入欢乐的气氛中，让他们感受到公园中文化交流和友谊传递的气息，更让他们学会与其他孩子们融洽共处、协调合作的能力，去展现他们那无限的梦想。环形主园路贯通四方形入口，通过六面铺地组合与演艺广场相通，在交通上方便快捷。以童话长廊为重点，连接各活动场地，在其周边布置一些动物小品或童话故事人物，丰富儿童的文化生活。活动场所采用四边形、五边形、六边形、圆形构成趣味空间，设置圆形沙坑、戏水沙滩（图3-5）、稻草人活动草坪、林间栈道等，以简洁、实用的设施丰富儿童活动形式。并且在此区域设置长条形的坐凳，方便大人的休息、看管。

图3-4　莺语小憩效果图

图3-5　美人鱼沙滩效果图

（4）青阶拾语、鱼嚗花趣、茶语清心。以水为联系介质，三节点在视线上相互连接，共同营造出江南水乡的朦胧及情趣。嵌在绿草间的毛石台阶，偶尔一两朵从草间冒出的石蒜，你席地而坐，面对悠然的水草，飘零的花瓣，几尾红鱼真是别有一番韵味。茶室建筑的设计，我们认为江南水乡建筑真正值得感动的地方是它们小家碧玉的精致玲珑，不拘一格的随意以及晶莹剔透的飘逸，因此我们希望它的造型像飘落在林间的一片金色秋叶，如此的自然而又特别，那品茶的心情淡定、恬适。

（5）翠林幽径。以水杉、香樟为主，密植，林间设置仿木栈道，郁郁葱葱，在其间漫步具有另一番乐趣。它也构成儿童活动中心的一部分，给儿童以别样的林间感受。

（6）桑梓农情。设置五谷展示农田和游人参与的园艺区，人们可以在此交流、体验，参与其间，更好地融合人们间的关系，增强人们对公园的归属感，更好地参与到公园的管理、维护中来。春禾卷波、桑林披绿，田野无限。金秋亭、临水平台、葵花岛（图3-6）的设置，让人在其间乐趣无穷。

图3-6　葵花岛效果图

（7）康乐怡情。此区域主要为居民的健身场所，以花镜结合大树的形式进行植物配置，绚丽多彩、花香扑鼻，结合花坛设置弧形坐凳，自由流淌的活动空间为居民开展健身、晨练、下棋等活动提供各种场所，使人们其乐融融（图3-7）。

（8）映雪读书。以书籍《寻找东栅》中提及的历史、说法，“顾节墩”为设计元素，结合“映雪”典故（出自《三字经》：“如囊萤，如映雪”。说的是：晋朝的孙康家境贫寒，无油点灯夜读，在冬天的时候他就在户外借着大雪的反光来读书。设亭取名读书亭，位于模拟自然秋色的山林群落间，形成景观焦点。

图3-7 健身广场效果图

7. 专项设计说明

（1）竖向设计：注重竖向设计，形成丰富的地形，构成全园的骨架，高点为3m左右，以1.5m高差为主。驳岸高出常水位0.4m，水深控制在1.5m，临水进人处2m范围内严格按设计规范水深控制在0.5m内，驳岸以自然草坡为主。大面积的草坪在满足竖向设计的前提下，设置自然排水坡度。

（2）园路设计：公园园路的设置不单为了交通，也为了导游，观赏一种动态的连续景观，起到步移景异的作用。公园以主园路环绕，沟通各功能区，其余道路穿插其间，构成路网。道路分为3级，主园路宽3m，局部因景观、布局需要设为5m；次园路宽2m;游步道宽1.2～0.9m；园路材质主要采用花岗岩、小料石、鹅卵石、块石等，以形成厚重、自然的风格。

（3）绿化设计：公园植物种植遵循生态学和美学理论，以生态为特色，生物多样性为特点，充分尊重绿地的功能需求和人与自然的融合；综合考虑当地气候和土壤因素，以乡土树种为主，突出地方文化内涵；追求绿地的景观效益，注重植物的疏密空间的营造，通过艺术配置手法构成丰富的景观空间，体现“小中见大”；最终形成四季常绿、简洁明朗的绿化风格。

绿化基调树种：香樟、银杏、桂花、榉树。主要乔灌木：女贞、乐昌含笑、雪松、垂柳、水杉、池杉、朴树、枫香、三角枫、无患子、马褂木、栾树、广玉兰、鸡爪槭、红枫、白玉兰、垂丝海棠、紫荆、碧桃、樱花、红叶李、红梅、紫薇、木槿、含笑、石楠、八仙花、黄馨、迎春。主要地被类植物：杜鹃、金丝桃、小叶栀子、茶梅、绣线菊、大吴风草、花叶蔓长春、常春藤、书带草、阔叶麦冬、鸢尾。主要水生植物：美人蕉、芦竹、水葱、再力花、睡莲。

（4）园林建筑与小品设计：园林建筑秉承江南水乡建筑的淡雅精髓，以灰、白色调为主结合一定仿木形式，使建筑风格自然，既能融入环境又独具地域特征。公园指示系统以石材为主，做到简洁厚重。

图3-8　嘉城•绿都公园灯具布置图

（5）照明设计：照明设计分为一般照明、重要景观照明。一般照明：室内以高效荧光灯为主，走廊、卫生间采用节能型荧光灯；室外亮化工程由路灯、庭院灯、草坪灯组成，均采用节能型荧光灯；都以满足照明安全为目的。重要景观照明：以射灯、彩灯、地灯等多种方式组合照明以形成特色的景观效果（图3-8）。

（6）给排水设计：公园用水包括公园树木、草坪绿化等喷灌用水和生活用水。生活用水包括管理人员、经营人员和游园人员用水及设备设施用水等。供水水源：生活用水由嘉兴市嘉源给排水有限公司供给。植物绿地喷灌用水，可以利用园内水体和运河水供给。

排水采用雨污分流制。雨水系统采用组织与自由排放相结合的形式。大部分地面雨水可通过地形整治，自然排入水体内，道路、广场雨水经雨水口收入雨水管网，就近分散排入水体或城市管网。对生活污水进行处理后，经管网收集纳入嘉兴市污水处理工程管网。

2.1.2 居住区小游园设计

（1）位置规划：小游园一般布置在小区中心部位，方便居民使用，其服务半径一般以200～300m为宜，最多不超过500m；在规模较小的小区中，小游园也可在小区一侧沿街布置或在道路的转弯处两侧沿街布置。尽可能与小区公共活动或商业服务中心、文化体育设施等公共建筑设施结合布置，集居民游乐、观赏、休闲、社交、购物等多功能于一体，形成一个完整的居民生活中心。应充分利用自然山水地形、原有绿化基础进行选址和布置。

（2）用地规模：小游园用地规模应根据小区规模在城市中的位置以及周围城市公共绿地分布情况来确定。在我国，小区规模以1万人左右为宜，根据定额标准，小区人均公共绿地面积为1m²/人，若小区中心游园和组团绿地各占50%，则小游园面积以0.5hm²左右为宜，另一半可分散安排为住宅组团绿地。就小区周围市区级公共绿地分布情况而言，若附近有较大的城市公园或风景林地，则小游园面积可小些；若附近没有较大城市公园或风景林地，可在小区设置面积相对较大的小游园。

（3）规划形式：根据小游园构思立意、地形状况、面积大小、周围环境和经营管理条件等因素进行规划，小游园平面布置形式可采用规则式、自然式、混合式。

（4）规划内容

①入口处理：为方便附近居民，常结合园内功能分区和地形条件，在不同方向设置出入口，但要避开交通频繁的地方。

②功能分区：分区的目的主要是让不同年龄、不同爱好的居民能各得其所、互不干扰、组织有序、便于管理。小游园因用地面积较小，主要表现为动、静分区，并注意处理好动、静两区之间在空间布局上的联系与分隔问题。

③ 园路布局：园路布局宜主次分明、导游明显，以利平面构图和组织游览；园路宽度以不小于2人并排行走的宽度为宜，最小宽度为0.9m，一般主路宽3m左右，次路宽1.5～2m；园路宜呈环套状，忌走回头路。

④ 广场场地：小游园的小广场一般以游憩、观赏、集散为主，中心部位多设有花坛、雕塑、喷水池等装饰小品，四周多设座椅、花架、柱廊等，供人休息。

⑤ 植物配置：植物种类的选择既要统一基调，又要各具特色，做到多样统一；注意季相变化和色彩配合；注意选择乡土树种，避免选择有毒、带刺、易引起过敏的植物。

⑥ 建筑小品：小游园以植物造景为主，适当布置园林建筑小品，小游园的园林建筑及小品主要有亭、廊、花架、水池、喷泉、花台、栏杆、座椅、园桌凳以及雕塑、宣传栏、果皮箱、园灯等。

案例分析：嘉兴金都佳苑居住区小游园设计（图3-9～3-12）

该小游园采用自然式布局，由景观泳池区、密林休息区、开阔草坪区和儿童游乐区四个部分组成。景观泳池区的地形高出周边环形道路近2m，四周再饰以富有季相变化的植物，使整个区块在保证私密性的前提下富有景观变化。曲线型的泳池由一组跌水和富有热带风情的树池连接儿童戏水池和成人泳池，泳池的一角设有一组自然朴实的服务性建筑，该建筑不但具有实用性，同时也是泳池区的一组亮丽风景。密林休息区种植了不同季节可供观赏的园林植物，设置了一组组吸引人们注意力的以大地为容器的大盆景，它们组合各异，虚实不同。开阔草坪区以起伏的草坪和白色的汀步构成了一副简洁的画面，与旁边的密林区形成了鲜明的对比，让置身于其中的人们在小空间内产生了完全不同的心理感受。儿童游乐区有两个简单的大面积木铺装和塑胶铺装组成的空间，这两个空间的交集处产生了一个大的船形座凳，该座凳被一条直线所隔开，形成了一条宽1m的小路，使整个简单的空间富有了一定的趣味性。

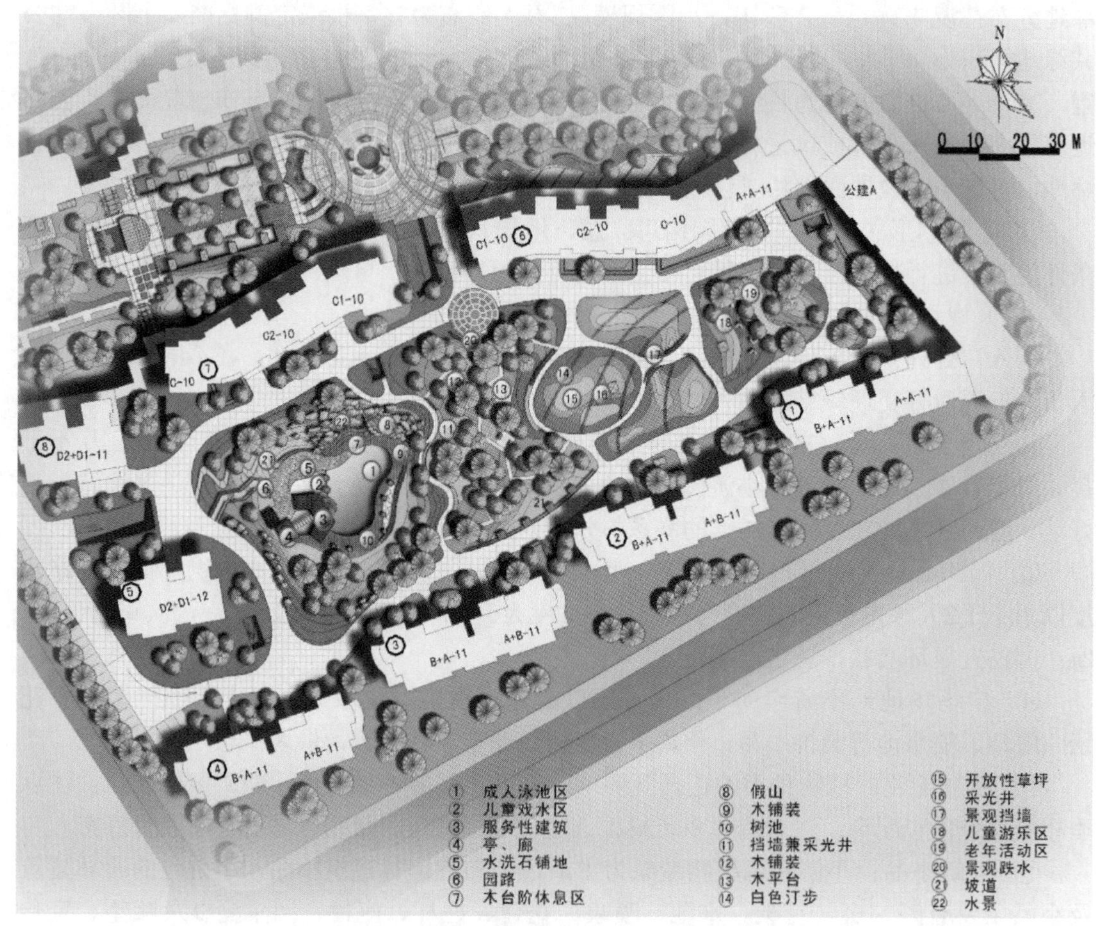

图3-9　金都佳苑居住区小游园设计平面图

图3-10　金都佳苑居住区小游园局部效果图一

图3-11　金都佳苑居住区小游园局部效果图二

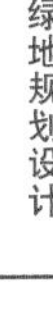

图3-12　金都佳苑居住区小游园局部效果图三

2.1.3 居住区组团绿地设计

参考图见图3-13、3-14。

（1）布设位置：根据组团绿地在住宅组团内的位置的不同，组团绿地布设的位置大体上有以下几种情形：①周边式住宅中间；②行列式住宅山墙之间；③扩大行列式住宅间；④住宅组团的一角；⑤两组团之间；⑥一面或两面临街；⑦与公共建筑结合布置；⑧自由式布置。

（2）用地面积：每个组团绿地用地小，投资少，见效快，面积一般在0.1～0.2hm^2。一般一个小区有几个组团绿地。按定额标准，一个小区的组团绿地总面积在0.5hm^{2}左右。

（3）平面构图形式：

①中轴对称式　设计常以主体建筑入口中轴线为轴线组织景观序列，对称布局。优点是庄重整齐，与周围建筑环境相协调，容易设计，鸟瞰效果更佳，有图案规整的美感。但形式呆板，部分构图流于形式，缺少实用性。

②均衡不对称式　设计采用规则式布局，而构图是不对称的，追求总体布局均衡。优点是易与周围建筑环境相协调，且可以创造自由灵活的局部空间。但不易设计，处理不当往往杂乱无章。

③自由式　设计采用自由式布局，局部入口、广场、小品等处穿插以规则形式。其优点是构图自然、灵活、新颖，运用自由曲线，给人以亲切柔美之感。但不易设计，施工难度大，处理不好会有零乱之感，不易与周围建筑环境协调。

儿童游戏场地
规则式草坪和座椅
中心广场和座椅
开敞式草坪
区内行人步道

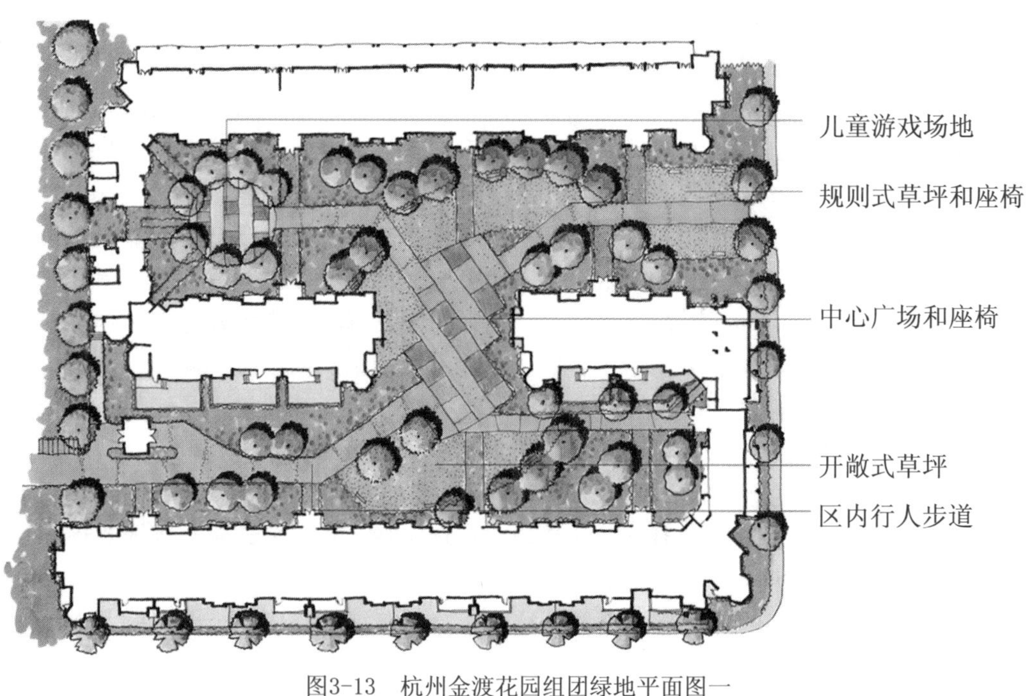

图3-13　杭州金渡花园组团绿地平面图一

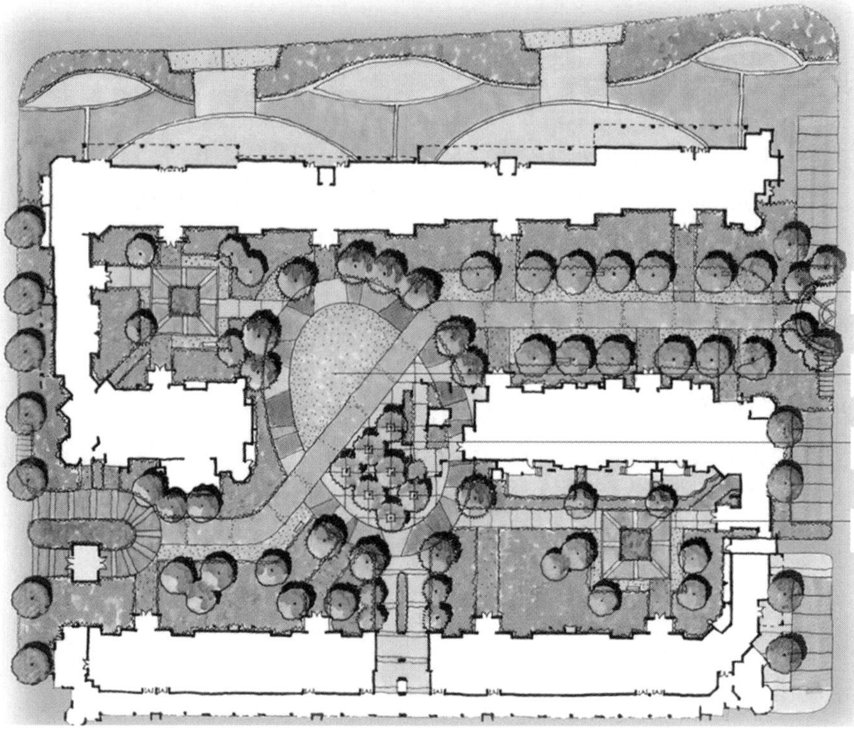

规则式草坪和座椅
开敞式草坪
中心广场和座椅
区内行人步道

图3-14　杭州金渡花园组团绿地平面图二

（4）空间布局方式：

①开放式：不以绿篱或栏杆与周围分隔，居民可以自由进入绿地内游憩活动。

②半封闭式：用绿篱或栏杆与周围部分分隔，但留有若干出入口，可以进出。

③封闭式：绿地用绿篱或栏杆与周围完全分隔，居民不能进入绿地游憩，只供观赏，可望而不可及。

（5）规划设计内容：根据组团绿地服务对象及其使用功能需要，组团绿地布设内容大体上包括绿化种植、安静休息和游戏活动三个部分。

① 绿化种植部分。可种植乔木、灌木、花卉和铺设草地，亦可设花架种爬藤植物，置水池植水生植物，植物配置要考虑季相景观变化及植物生长的生态要求。

② 安静休息部分。设亭、花架、桌、椅、阅报栏、园凳等建筑小品，并布置一定的铺装地面和草地，供老人坐憩、闲谈、阅读、下棋或锻炼等活动。

③游戏活动部分。可分别设计幼儿和少儿活动场，供儿童进行游戏和简易体育活动，如捉迷藏、玩沙、戏水、跳绳、打乒乓球等，还可选设滑、转、荡、攀、爬等游戏器械。

（6）其他注意要点：

① 组团绿地出入口的位置、道路、广场的布置要与绿地周围的道路系统及人流方向结合起来考虑。

②组团绿地内要有足够的铺装地面，以方便居民休息活动，也有利于绿地的清洁卫生。一般来说，绿地覆盖率要求在60%以上，游人活动面积率50%～60%。为了有较高的绿地覆盖率，并保证活动场地的面积，可采用铺装地上留穴种乔木的方法，形成树荫场地或林荫小广场。

③一个居住小区往往有多个组团绿地，这些组团绿地从布局、内容及植物配置要各有特色，或形成景观序列。

2.2 居住区公共建筑和公共服务设施专用绿地

居住区内公共建筑、服务设施的院落和场地，如学校、幼儿园、托儿所、社区中心、商场、居住区出入口周围的绿地，除按所属建筑、设施的功能要求和环境特点进行绿化布置外，还应与居住区整体环境的绿化相联系，通过绿化来协调居住区中不同功能的建筑、区域之间的景观及空间关系（图3-15～3-17）。

主入口和中心绿带等开放空间系统，往往布置有标志性的喷泉或环境艺术小品的景观集散广场。绿化布置应具有较突出的装饰美化效果，近年来常采用缀花草坪、铺地广场边的装饰花钵和模纹花坛，园林花木的布置宜简洁明快，多为规则式布局。

若居住区内学校、幼儿园及社区中心、商场周围有充足的绿地，这些公共建筑的周边绿化应以常绿乔木为主，减少不同功能区的相互干扰，同时增强绿地的生态功能。

图3-15 上海复地雅园会所绿地设计平面图

图3-16 苏州湖畔花园入口设计

图3-17 宁波市小城花园中心绿地设计

2.3 居住区道路绿化

2.3.1 主干道绿化

居住区主干道是联系各小区及居住区内外的主要道路，行道树的栽植要考虑行人的遮阴与车辆交通的安全，在交叉口及转弯处要留有安全视距；宜选用姿态优美、冠大荫浓的乔木进行行列式栽植；各条主干道路树种选择应有所区别，体现变化统一的原则；中央分车绿带可用低矮花灌木和草皮布置；在人行道与居住建筑之间，可多行列植或丛植乔灌木，以利防尘降噪；人行道绿带还可用耐阴花灌木和草本花卉种植形成花境，借以丰富道路景观；或结合建筑山墙、路边空地采取自然式种植，布置小游园和游憩场地。

2.3.2 次干道绿化

次干道（小区级）是联系居住区主干道和小区内各住宅组团之间的道路。宽6～7m。使用功能以行人为主，通车次之，也是居民散步之地。绿化布置应着重考虑居民观赏、游憩需要，丰富多彩、生动活泼。树种选择上可以多选观花或富于叶色变化的小乔木或灌木，如合欢、樱花、红叶李、红枫、乌桕等，每条道路选择不同树种、不同断面种植形式，使其各有个性；在一条路上以某一、二种花木为主体，形成特色，还可以主要树种给道路命名，为合欢路、樱花路、紫薇路等，也便于行人识别方向和道路。次干道绿化还可以结合组团绿地、宅旁绿地等进行布置，以扩大绿地空间，形成整体效果。

2.3.3 住宅小路的绿化

住宅小路是联系各幢住宅的道路。宽3～4m。使用功能以行人为主。绿化布置可以在一边种植乔木，另一边种植花灌木、草坪；宅前绿化不能影响室内采光或通风；在小路交叉口有时可以适当拓宽，与休息场地结合布置；在公共建筑前面，可以采取扩大道路铺装面积的方式来与小区公共绿地、专用绿地、宅旁绿地结合布置，设置花台、座椅、活动设施等，创造一个活泼的活动中心（图3-18）。

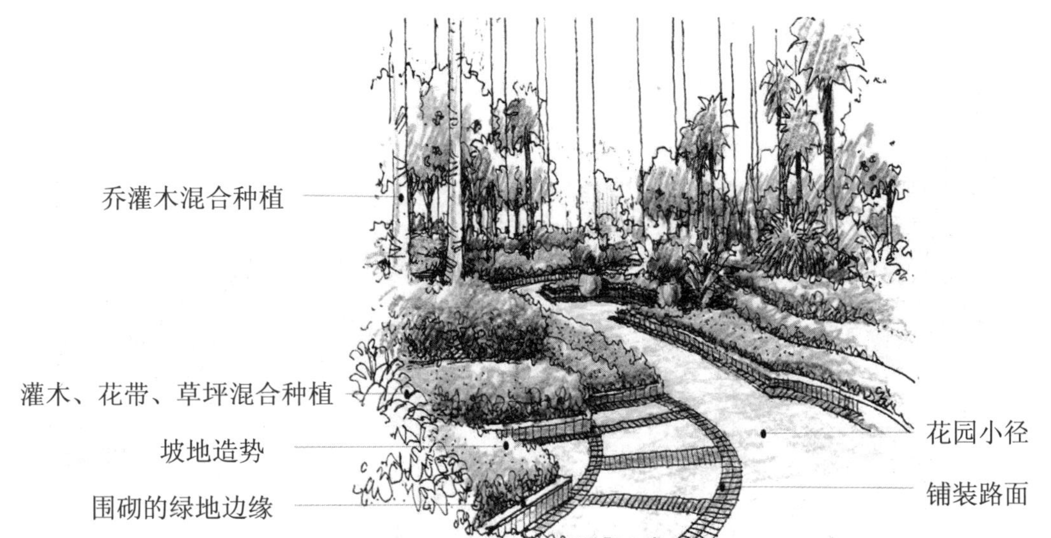

图3-18 上海闸北精文城市家园道路绿化

2.4 居住区宅旁绿地设计

宅旁绿地即位于住宅四周或两幢住宅之间的绿地，是居住区绿地的最基本单元，其功能主要是美化生活环境，阻挡外界视线、噪声和灰尘，满足居民夏天纳凉、冬天晒太阳、就近休息赏景、幼儿就近玩耍等需要，为居民创造一个安静、卫生、舒适、优美的生活环境（图3-19、3-20）。

2.4.1 宅旁绿地的布置类型

宅旁绿地布置因居住建筑组合形式、层数、间距、住宅类型、住宅平面布置形式的不同而异，归纳起来，主要有以下几种类型。

（1）树林型：用高大乔木，多行成排地布置，对改善小气候有良好作用。大多为开放式，居民可在树荫下开展活动或休息。但若缺乏灌木和花草搭配，比较单调，而且容易影响室内通风采光。

（2）植篱型：用常绿或观花、观果、带刺的植物组成绿篱、花篱、果篱、刺篱，围成院落或构成图案，或在其中种植花木、草皮。

（3）庭院型：用砖墙、预制花格墙、水泥栏杆、金属栏杆等在建筑正面（南、东）围出一定的面积，形成首层庭院。

（4）花园型：在宅间以绿篱或栏杆围出一定的范围，布置乔灌木、花卉、草地和其他园林设施，形式灵活多样，层次、色彩都比较丰富。既可遮挡视线、隔音、防尘和美化环境，又可为居民提供就近游憩的场地。

（5）草坪型：以草坪绿化为主，在草坪的边缘或其他地方，种植一些乔木或花灌木、草花之类。多用于高级独院式住宅，也可用于多层行列式住宅。

此外，还有果园型，菜园型等等。

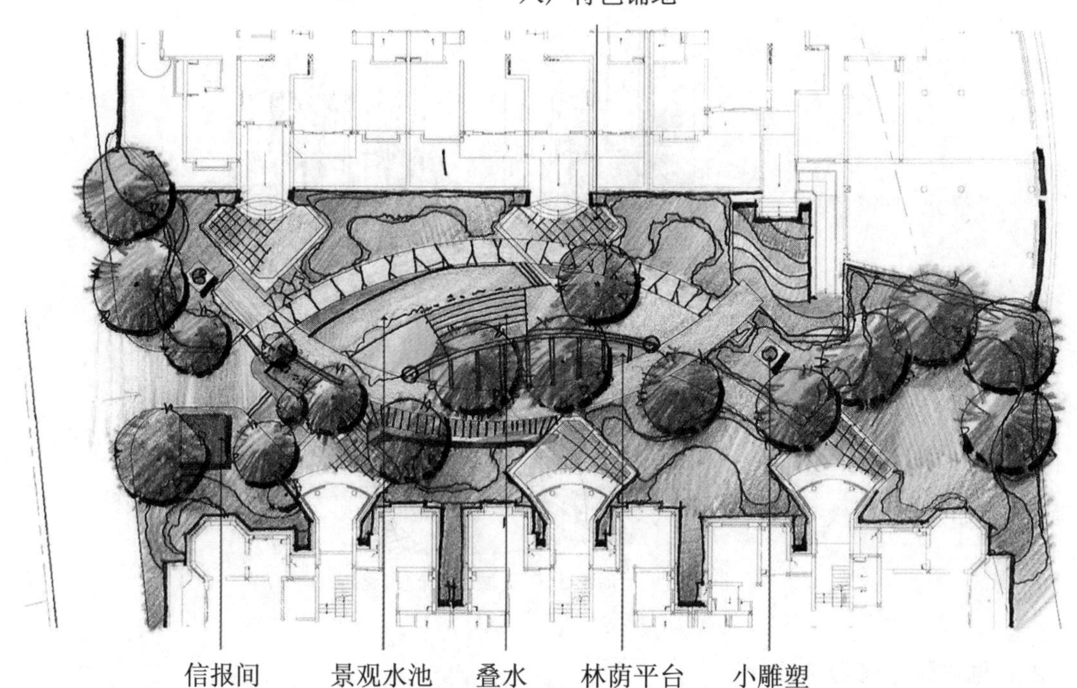

图3-19　上海锦绣华城宅间绿地

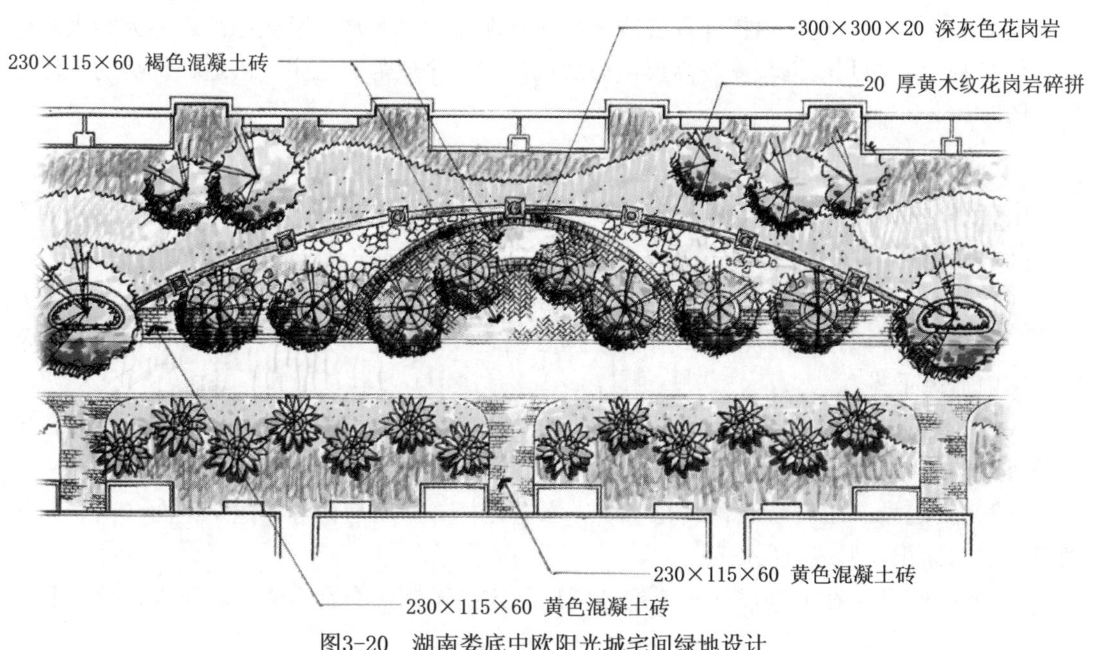

图3-20　湖南娄底中欧阳光城宅间绿地设计

2.4.2 宅旁绿地的设计要点

（1）入口处理：绿地出入口使用频繁，常拓宽形成局部休息空间，或者设花池、常绿树等重点点缀，诱导游人进入绿地。

（2）场地设置：注意将绿地内部分游道拓宽成局部休憩空间，或布置游戏场地，便于居民活动，切忌内部拥挤封闭，使人无处停留，导致破坏绿地

（3）小品点缀：宅旁绿地内小品主要以花坛、花池、树池、座椅、园灯为主，重点处设小型雕塑，小型亭、廊、花架等。所有小品均应体量适宜，经济、实用、美观。

（4）设施利用：宅旁绿地入口处及游览道应注意少设台阶，减少障碍。道路设计应避免分割绿地，出现锐角构图，多设舒适座椅，桌凳，晒衣架、果皮箱、自行车棚等设计也应讲究造型，并与整体环境景观协调。

（5）植物配置：

①各行列、各单元的住宅树种选择要在基调统一的前提下，各具特色，成为识别的标志，起到区分不同的行列、单元住宅的作用。

②宅旁绿地树木、花草的选择应注意居民的喜好、禁忌和风俗习惯。

③住宅四周植物的选择和配置。一般在住宅南侧，应配置落叶乔木，在住宅北侧，应选择耐阴花灌木和配置草坪，若面积较大，可采用常绿乔灌木及花草配置，既能起分隔观赏作用，又能抵御冬季西北寒风的袭击；在住宅东、西两侧，可栽植落叶大乔木或利用攀缘植物进行垂直绿化，有效防止夏季日晒，以降低室内气温，美化装饰墙面。

④窗前绿化要综合考虑室内采光、通风、减少噪声、视线干扰等因素，一般在近窗种植低矮花灌木或设置花坛，通常在离住宅窗前5～8m之外，才能分布高大乔木。

⑤在高层住宅的迎风面及风口应选择深根性树种。

⑥绿化布置应注意空间尺度感。

2.5 别墅庭院

随着居住水平的日渐提高，许多人开始拥有了属于自己的私人庭院。根据建筑结合环境的特点，一般来说，按地域可以分为中式、日式、意大利式、地中海式、美式、英式、法式和泰式风格等。从庭院的设计中能感受到不同国家的历史文化，以及人们对自然界的感悟和审美偏好。按仿自然的程度可分为自然式、整型式和混合式三种园林。

设计流程一般包括以下几个阶段：

（1）会见客户；

（2）签署合同；

（3）基地资料记录与分析；

（4）客户信息的记录与分析；

（5）方案设计（可尝试多个草案最后确定一个）；

（6）扩初设计（对已定方案进行深化设计）；

（7）施工图绘制；

（8）施工（包括硬质景观和软质景观）；

（9）竣工图绘制；

（10）维护（包括灌溉、施工、除草、修剪、补植和修缮）；

（11）评价。

案例分析：福建著名左海公园小岛，四周环山抱水的有利环境使别墅占尽地理优势。整齐而又干净的绿化布局与庭院一角的喷泉水景，彰显别墅花园的华美。主楼是欧式风格，在主楼的对面是一座现代风格的体育馆。通过对庭院内部空间处理，增加园林景观元素，使庭院看上去更有魅力。植物配置主要对建筑角隅及外轮廓绿化、道路两边草坪绿化、小品绿化等形成丰富的植物景观（图3-21～3-25）。

图3-21　原来规划，弧形的木栈道两侧是卵石铺地，道路两侧绿地微微起伏的地势

改造时针对原有场地，提炼欧式风格，剔除一些与原有风格相冲突的元素，如小道百年的日式石灯笼。梳理原有植被，去除部分对景观有影响的植物，补充一些营造景观所必需的植物，并利用植物来引导视线，引导风向，改善日照情况。

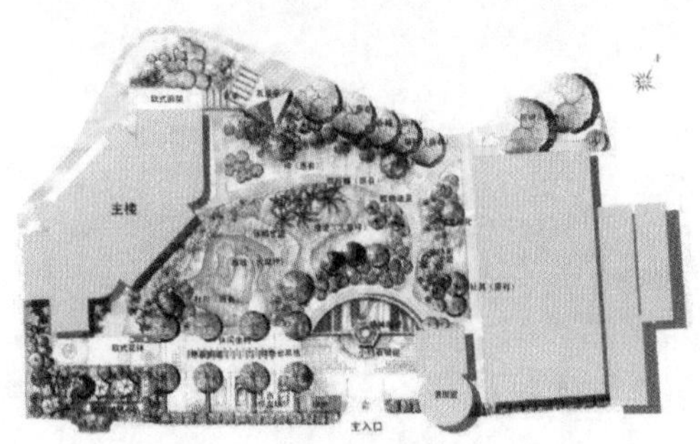

图3-22　改造后规划总平面图

图3-23　入口是与别墅建筑主体相统一的欧式铁艺大门

图3-24 圆形拱廊与水景、花池雕塑相结合，景观更加完整丰富

图3-25 别墅角落结合平台、雕塑设置水景，突出特色，增加亮点

3. 居住区绿地的植物配置和树种选择

3.1 植物配置

绿化是创造舒适、卫生、优美的游憩环境的重要条件之一，所以在进行绿化植物配置时，首先要考虑是否符合植物生态及功能要求和是否能达到预期的景观效果。

在进行具体地点的植物配置时，要因地制宜，结合不同的地点，采用不同的配置方法，一般原则是：

（1）乔灌结合，常绿和落叶，速生和慢生相结合，适当地点缀一些花卉、草皮。在树种搭配上，既要满足生物学特性，又要考虑绿化景观效果。绿化覆盖率要达到50%以上，才能创造出安静和优美的环境。

（2）植物种类不宜繁多，但也要避免单调，更不能配置雷同，要达到多样统一。在儿童游戏场，要通过少量不同树种的变化，便于儿童记忆、辨认场地和道路。

（3）在统一基调的基础上，树种力求有变化，创造出优美的林冠线和林缘线，打破建筑群体的单调和呆板感。在儿童游戏场内，为适合儿童的心理，引起儿童的兴趣，绿化树种的树形要丰富，色彩要明快，比例尺度适合儿童，如修剪成不同形状和整齐矮小的绿篱等。在公共绿地的入口处和重点地方，要种植体形优美、色彩鲜艳、富于季相变化的植物。

（4）在栽植上，除需要行列式栽植外，一般都避免等距、等高的栽植，可采用孤植、对植、丛植等，适当运用对景、框景等造园手法，装饰性绿地和开放性绿地相结合创造出千变万化的景观。

3.2 树种选择

在居住区绿化中，除要符合总的规划和统一的风格外，还要充分考虑选用具有以下特点的树种。

（1）生长健壮、便于管理的乡土树种。在居住区内，由于建筑环境的土质一般较差，宜选耐瘠薄、生长健壮、病虫害少、管理粗放的乡土树种，这样可以保证树木生长茂盛，绿化收效快，并具有地方特色。

（2）冠大荫浓，枝叶茂密的落叶、阔叶乔木。在酷热的夏季，可使居住区有大面积的遮阴，枝叶繁茂，能吸附一些灰尘，减少噪声，使居民的生活环境安静，空气新鲜，冬季又不遮阳。

（3）常绿树和开花灌木。在公共绿地的重点绿化区或居住庭院中，小气候条件较好的地方，儿童游戏场附近，宜植姿态优美、花色、叶色丰富的植物。

（4）耐阴树和攀缘植物。由于居住区绿地多处于房屋建筑的包围之中，阴暗部分较多，一定要注意选择耐阴植物。攀援植物在居住环境中是很有发展前途的一种植物，它可以弥补绿地空间的不足，既美化环境又可以增加绿化面积取得良好的生态效益。

（5）具有环境保护作用和经济收益的植物。根据环境，因地制宜地选用那些具有防风、防噪声、调节小气候，以及能监测和吸附大气污染的植物。有条件的庭院，可选用在短期内具有经济收益的品种，特别要选用哪些不需施大量肥料、管理简便的果、蔬、药材等经济植物。

计 划 单

学习领域	园林规划设计		
学习情境3	居住区绿地规划设计	学时	2
计划方式	小组成员团队合作共同制订工作计划		
序号	实施步骤	使用资源	
1	调查当地的气候、土壤、地质等自然环境。		
2	了解居住区周边环境、当地居民生活习惯、当地人文历史情况。		
3	实地考察测量，或者通过其他途径获得现状平面图。		
4	分析各种因素，做出总体方案初步设计。		
5	充分研讨，确定总平面图。		
6	绘制其他图纸，包括功能分区规划图、地形设计图、植物种植设计图、建筑小品平面图、立面图、剖面图、局部效果图或总体鸟瞰图等。		
7	编制设计说明书。		
8			
9			
10			
制订计划说明			
计划评价	班级：	第　　组	组长签字：
	教师签字：	日期：	
	评语：		

作 业 单

<table>
<tr><td>学习领域</td><td colspan="3">园林规划设计</td></tr>
<tr><td>学习情境3</td><td>居住区绿地规划设计</td><td>学时</td><td>18</td></tr>
<tr><td>作业方式</td><td colspan="3">上交一套设计方案（手绘或计算机辅助设计图纸和设计说明）</td></tr>
<tr><td>1</td><td colspan="3">完成当地某待建居住区绿地设计</td></tr>
<tr><td colspan="4">一、操作步骤
对居住区绿化优秀作品进行分析、学习;进行实训操作动员和设计的准备工作;对初步设计方案进行分析、指导;修改、完善设计方案，并形成相对完整的设计方案。
二、操作方式
1. 采用室外现场参观等形式，对居住区绿地景观进行分析、点评。
2. 对居住区绿地景观设计优秀作品分析讲评。
3. 拟定具体的居住区建设项目进行方案设计。
三、操作要求
所有图纸的图面要求表现力强，线条流畅、构图合理、清洁美观，图例、文字标注、图幅等符合制图规范。设计图纸包括：
1. 居住区绿地设计总平面图。表现各种造园要素（如山石水体、园林建筑与小品、园林植物等）。要求功能分区布局合理，植物配置季相鲜明。
2. 透视或鸟瞰图。手绘居住区绿地实景，表现绿地中各个景点、各种设施及地貌等。要求色彩丰富、比例适当、形象逼真。
3. 园林植物种植设计图。表示设计植物的种类、数量、规格、种植位置及类型和要求的平面图样。要求图例正确、比例合理、表现准确。
4. 局部景观表现图。用手绘或者计算机辅助制图的方法表现设计中有特色的景观。要求特点突出，形象生动。
另外，设计说明语言流畅、言简意赅，能准确地对图纸补充说明，体现设计意图。</td></tr>
<tr><td rowspan="4">计划评价</td><td>班级：</td><td>第　　组</td><td>组长签字：</td></tr>
<tr><td>学号：</td><td colspan="2">姓名：</td></tr>
<tr><td>教师签字：</td><td>教师评分：</td><td>日期：</td></tr>
<tr><td colspan="3">评语：</td></tr>
</table>

决 策 单

<table>
<tr><td>学习领域</td><td colspan="7">园林规划设计</td></tr>
<tr><td>学习情境3</td><td colspan="5">居住区绿地规划设计</td><td>学时</td><td>8</td></tr>
<tr><td colspan="8">方案讨论</td></tr>
<tr><td rowspan="11">方案对比</td><td>组号</td><td>构思</td><td>布局</td><td>线条</td><td>色彩</td><td>可行性</td><td>综合评价</td></tr>
<tr><td>1</td><td></td><td></td><td></td><td></td><td></td><td></td></tr>
<tr><td>2</td><td></td><td></td><td></td><td></td><td></td><td></td></tr>
<tr><td>3</td><td></td><td></td><td></td><td></td><td></td><td></td></tr>
<tr><td>4</td><td></td><td></td><td></td><td></td><td></td><td></td></tr>
<tr><td>5</td><td></td><td></td><td></td><td></td><td></td><td></td></tr>
<tr><td>6</td><td></td><td></td><td></td><td></td><td></td><td></td></tr>
<tr><td>7</td><td></td><td></td><td></td><td></td><td></td><td></td></tr>
<tr><td>8</td><td></td><td></td><td></td><td></td><td></td><td></td></tr>
<tr><td>9</td><td></td><td></td><td></td><td></td><td></td><td></td></tr>
<tr><td>10</td><td></td><td></td><td></td><td></td><td></td><td></td></tr>
<tr><td>方案评价</td><td colspan="4">学生互评：</td><td colspan="3">教师评价：</td></tr>
<tr><td colspan="2">班级：</td><td colspan="2">组长签字：</td><td colspan="2">教师签字：</td><td colspan="2">日期：</td></tr>
</table>

材料工具清单

学习领域	园林规划设计						
学习情境3	居住区绿地规划设计				学时		2
项目	序号	名称	作用	数量	型号	使用前	使用后
所用仪器设备	1	经纬仪					
	2	电脑					
	3	打印机					
	4	扫描仪					
	5						
	6						
	7						
	8						
所用材料	1	绘图纸					
	2	铅笔					
	3	彩铅					
	4	橡皮					
	5	透明胶					
所用工具	1	皮尺					
	2	钢卷尺					
	3	小刀					
	4	绘图板					
	5	丁字尺					
	6	比例尺					
	7	三角板					
	8	针管笔					
	9	马克笔					
	10	圆模板					
班级		第　　组		组长签字： 教师签字：			

教学反馈单

学习领域	园林规划设计			
学习情境3	居住区绿地规划设计	学时	2	
序号	调查内容	是	否	理由陈述
1	你是否明确本学习情境的学习目标？			
2	你是否完成学习情境的学习任务？			
3	你是否达到本学习情境对学生的要求？			
4	资讯的问题你都能回答吗？			
5	你是否喜欢这种上课方式？			
6	通过几天的工作和学习，你对自己的表现是否满意？			
7	你对本小组成员之间的合作是否满意？			
8	你认为本学习情境对你将来的学习和工作有帮助吗？			
9	你认为本学习情境还应补充哪些方面的内容？			
10	本学习情境学习后，你还有哪些问题不明白？哪些问题需要解决？			
你的意见对改进教学非常重要，请写出你的建议和意见：				
被调查人姓名：	调查时间：			

学习情境 4

单位附属绿地规划设计

任务单

【学习领域】

园林规划设计

【学习情境4】

单位附属绿地规划设计

【学时】

40

【布置任务】

学生在接到设计项目后，先与建设方沟通，了解建设要求和目的、建设内容、投资金额、设计期限等；此后要进行现场踏勘及资料的搜集，对项目所在地的气候、地形地貌、土壤、水质、植被、建筑物和构筑物、交通状况、周围环境及历史、人文资料和城市规划的有关资料进行搜集和深入研究；在此基础上做出总体方案初步设计，经推敲后确定总平面图，并绘制功能分区规划图、地形设计图、植物种植设计图、建筑小品平面图、立面图、剖面图、局部效果图或总体鸟瞰图等图纸；再完成设计说明的撰写；最后向建设方汇报方案。

【学时安排】

资讯8学时；计划4学时；决策4学时；实施16学时；检查学4时；评价4学时。

资 讯 单

【学习领域】

园林规划设计

【学习情境4】

单位附属绿地规划设计

【学时】

4

【资讯方式】

在专业图书资料、期刊、互联网及信息单上查询问题答案；或向任课教师咨询。

【资讯问题】

1. 单位附属绿地规划设计分类有哪些？

2. 单位附属绿地规划设计的要点是什么？

3. 怎样确定单位附属绿地规划设计的指标？

4. 单位附属绿地规划设计设计应遵循哪些基本原则？

5. 单位附属绿地规划设计的形式有哪几种？各自的特点是什么？

【资讯引导】

1. 查看参考资料。

2. 分小组讨论，充分发挥每位同学的能力。

3. 相关理论知识可以查阅信息单上的内容。

4. 对当地单位附属绿地规划设计现状要进行实地踏查，拍摄照片、手绘现状图等，将相关资料通过各种可能的方法进行搜集。

信 息 单

【学习领域】

园林规划设计

【学习情境4】

单位附属绿地规划设计

【学时】

4

【信息内容】

单位附属绿地是指城市中分散属于各单位的公共绿地庭院，以改善和美化人工建筑环境为主要功能，不对公众开放的绿地，遵循经济、实用、美观、生态的原则，强调植物多样性、群落性。主要分为工业企业单位附属绿地和公用事业单位附属绿地两类。

1. 工矿企业园林绿地规划设计

工矿企业园林绿地指工矿企业专项用地内的绿地，其主要功能是减轻有害物质（如烟尘、粉尘及有害气体）对工人和附近居民的危害，调节空气的湿度，温度、降低噪音、防风、防火等。工矿企业园林绿地具有环境恶劣、用地紧凑、保证生产安全、服务对象单一等环境特点。因此，工矿企业绿地规划设计应遵循以下原则：功能优先、以绿为主、绿中求美。要有利于企业统一安排布局，减少建设中的种种矛盾；要与企业建筑主体相协调；要保证工人生产的安全；应维护企业环境卫生。

工矿企业绿地规划布局的形式一定要与工厂各区域的功能相适应。虽然工厂的类型有多种，但都有共同的功能分区，如厂前区、生产区、生活区和工厂道路等。

1.1 厂前区

包括大门到工厂办公室用房的环境绿化，它不仅是本厂职工上下班的密集地，也是外来客人入厂形成第一印象的场所，其绿化形式、风格、色彩应与建筑统一考虑。工厂大门环境绿化要注意与大门建筑造型相协调，并利于交通。工厂围墙绿化设计应充分注意卫生、防火、防风、抗污染和减少噪声，遮隐建筑不足之处，与周围景观相协调。绿化树木通常沿墙内外带状布置。厂前区办公用房一般包括行政办公及技术科室用房、食堂、托幼保健室等福利建筑。其绿化形式应与建筑形式相协调。绿化一般采用规则式布局，门口可布置花坛、草坪、雕像、水池喷泉等，要便于行人出入，应设置一定数量的停车位。

1.2 道路

绿化前必须充分了解路旁的建筑设施、电杆、电线、电缆、地下给水管、路面结构、道路的人流量、通车率、车速、有害气体、液体的排放情况和当地的自然条件等。选择生长健壮、适应能力强、分枝点高、树冠整齐、耐修剪、遮阴好、无污染、抗性强的落叶乔木为行道树。主干道宽度一般为10m左右时，两边行道树多采用行列式布局，创造林荫效果。主干道较宽时，其中间可设立分车绿带，以保证行车安全。在人流集中、车流频繁的主道两边，可设置1～2m宽的绿地，把快慢车道与人行道分开，以利安全和防尘。路面较窄的可在一旁种植行道树，东西向的车道可在南侧种植落叶乔木，以利夏季遮阴。主要道路两旁的乔木株距因树种不同而不同，通常6～8m，棉纺厂、冷藏库等主道旁，由于车辆承载的货位较高，行道树定干高度应比较高，第一个分枝不得低于3m，以便顺利通行大货车。主道的交叉口、转弯处，所种灌木不应高于0.7m，以免影响驾驶员视野。在大型工矿企业内部，为了交通需要常设有铁路。其两旁的绿化主要功能是为了减弱噪声、加固路基、安全防护等，在其旁6m以外种植灌木，远离8m以外种植乔木，在弯道内测应留出200m的安全视距。在铁路与其他道路的交叉处，绿化时要特别注意乔木不应遮挡行车视线和交通标志、路灯照明等。

1.3 生产区

生产区绿化主要是车间周围绿化。车间是职工工作和生产的地方，其周围的绿化对净化空气，消声、调剂工人精神等具有很重要的作用。车间周围的绿化应少图案、少线条、重功能，要选择抗性强的树种，并注意不要妨碍上下管道。一般车间四旁绿化要从光照、遮阳、防风等方面来考虑。在车间建筑的南向应种植落叶大乔木，以利炎夏遮阳，冬季采光；在其东西向应种植高大荫浓的落叶乔木，以防止夏季东西日晒，其北向可用常绿和落叶乔灌木相互配置，借以防止冬季寒风和风沙。在污染较大的化工车间的周围不宜密植成片的树林，应多植低矮的花灌木，以利于通风，稀释有害气体，减少污染危害；对卫生净化要求较高的车间四周的绿化，应选择树冠紧密，叶面粗糙，有黏膜或气孔下陷，不易产生毛絮及花粉飞扬的树木；对防火，防噪声要求较高的车间，及仓库四周绿化，应以防火隔离为主，选择含水量大，不易燃烧的树种进行绿化。种植时要注意留出消防车活动的余地；对锻压，铆接，锤钉、鼓风等噪声强烈的车间四周绿化，要选择枝叶茂盛、分枝低、叶面积大的常绿乔木，以降低噪声，在露天车间的周围可布置数行常绿乔灌木混交林带，起防护隔离，防止人流横穿及防火，遮盖作用，主道旁还可以栽1～2行阔叶落叶大乔木，以利夏季工人遮阴休息。

1.4 生活区

生活区是职工起居的主要空间，包括居住楼房、食堂、幼儿园、医疗室等。结合厂内自然条件，因地制宜的开辟小游园，以便职工开展各项休闲活动。小游园绿化也可和本厂的工会俱乐部，阅览室、体育活动场等结合统一布置。另外，对厂房密集的、绿化用地紧张的厂区而言，可在适当位置布置各种小的块状绿地；利用已有的墙面和屋顶，宜采用垂直绿化的形式布置。

1.5 工矿企业防护林

《工厂企业设计卫生标准》GBZ 1—2002中规定，凡生产有害因素的工业企业与生活区之间应设置一定的卫生防护距离，并在此距离内进行绿化。在工矿企业内部，各个生产单元之间还可能会相互污染，因此在企业内部、工厂外围还应结合道路绿化、围墙绿化、小游园绿化等，用不同形式的防护林进行隔离，以防风、防火或减少有害气体污染，净化空气。

污染性工厂，在工厂生产区与生活区之间要设置卫生防护林带，此林带方位应和生产区与生活区的交线相一致。可根据污染轻、重的两个盛行风向而定，其形式有两种：一字形和L形 。

在污染较重的盛行风向的上侧设立引风林带也很重要，特别是在逆温的条件下，引风林带能组织气流，使通过污染源的风速增大，促进有害气体的输送与扩散。其方法是设一楔形林带与防护林带呈一夹角，这样两条林带之间形成一个通风走廊。在弱风区或静风区，或有逆温层地区更为重要，它可以把郊区的静风引到通风走廊加快风速，以利有害气体扩散。

案例分析：某企业园区景观规划设计

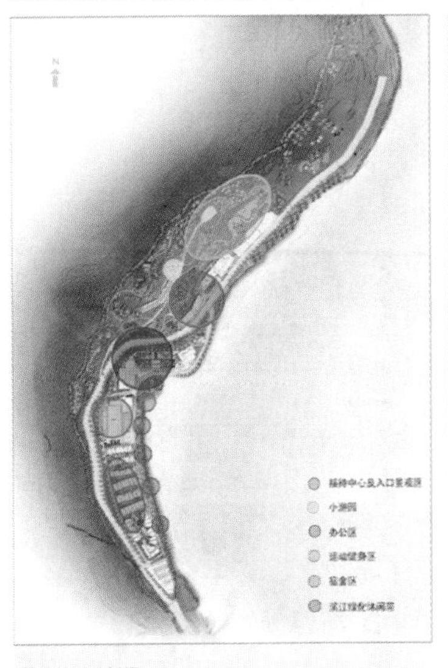

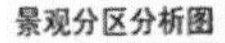

景观分区分析图

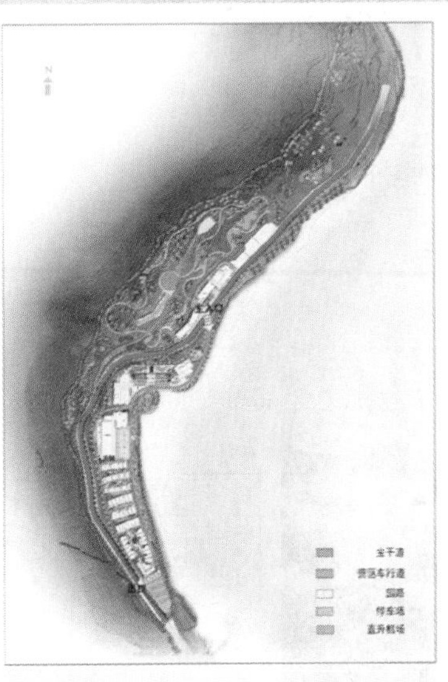

交通组织图

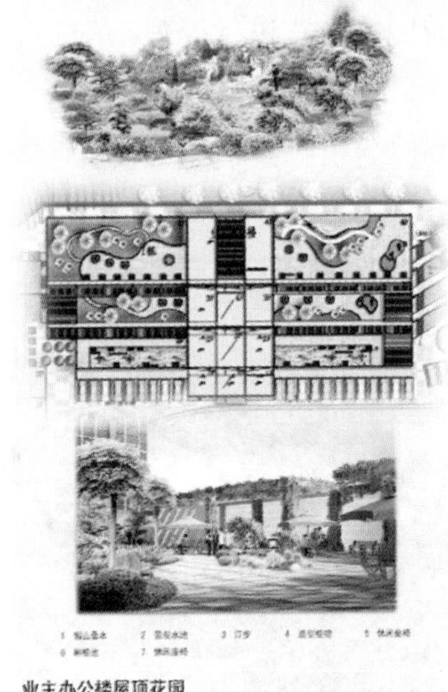

业主办公楼屋顶花园

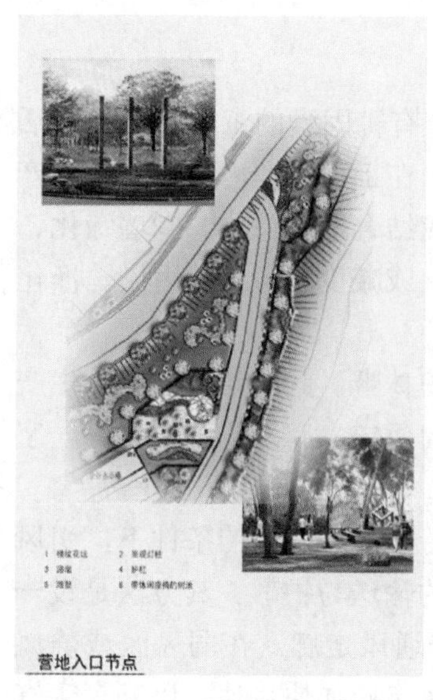

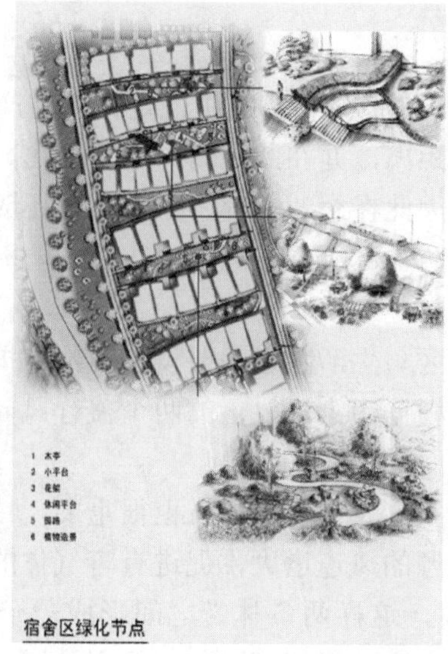

2. 机关、事业单位绿化设计

机关公共事业单位绿地是指公共事业单位专项用地内的绿地，随公共事业性质的不同而不同。如机关单位、学校、医疗机构、影剧院、博物馆、火车站、体育馆、码头等附属绿地。机关单位绿化的主要功能是为机关工作人员和到访市民提供一个舒适的工作环境。机关单位绿化规划原则注重所处城市地段的整体风格，与周边环境相协调，融入城市景观，不能标新立异。绿化风格应与单位建筑布局环境相协调形成简洁、高效的办公环境。

对机关单位绿化进行简单分区，一般应分为办公楼前区、休息区等。

办公楼前区是单位的形象所在，应形成庄重、简洁、大方的环境氛围。可设置大型雕塑、喷泉、水景等作为主景。应有便于车辆集散的停车场和人流集散的楼前广场。可设置一定量的草坪，形成开阔的视野。

休息区是供机关人员和到访市民在工作和办事之余休息时用的区域，一般按照街头小游园的方式进行处理。

案例分析：某机关单位绿化规划设计

种植名录

序号	名称	图例	序号	名称	图例	序号	名称	图例
1	红天竹		10	法国冬青		19	红檵木	
2	凤尾竹		11	罗汉松		20	金叶女贞	
3	八角金盘		12	苏铁		21	龟甲冬青	
4	石楠		13	[illegible]		22	紫鸭趾草	
5	山茶		14	樟树		23	茶梅	
6	含笑球		15	龙柏球		24	洒金柏	
				醉香含笑				
				合欢				

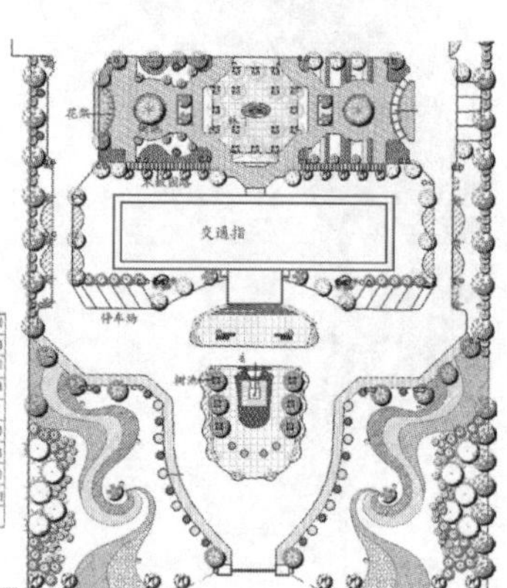

3. 学校绿地规划设计

校园绿化的作用为师生创造一个防暑、防寒、防风、防尘、防噪、安静的学习和工作环境。通过绿化、美化，陶冶学生情操，激发学习激情，寓教于乐。为广大师生提供休息、文化娱乐和体育活动的场所。通过校园内大量的植物材料，可以丰富学生的科学知识，提高学生认识自然的能力。

3.1 校园绿化的特点与设计原则

校园绿化要根据学校自身的特点，因地制宜地进行规划设计、精心施工，才能显出各自特色并取得优化效果。

（1）与学校性质和特点相适应。校园绿化除遵循一般园林绿化原则之外，还要与学校性质、级别和类型相结合，如农林院校要与农林场结合，文体院校要与活动场所结合，中小学校要体现活泼向上的特点。

（2）校舍建筑功能多样。校园的建造环境多种多样，校园绿化要能创造出符合各种建造功能的绿化环境，使不同风格的建筑形体融入绿化整体中，使人工建造景观与绿色的自然景观协调统一，达到艺术性、功能性与科学性的协调统一。

（3）师生员工集散性强。学生上课、训练、集会等活动频繁集中，需要有大量的人流集散场地。校园绿化也要满足这一特点，否则即使是优美的绿化环境，也会因为不适应学生活动需要而遭到破坏。

（4）学校所处地理位置、自然条件、历史条件各不相同。学校绿化应根据这些不同特点，因地制宜地进行规划、设计和植物种类的选择。如在低洼地区应选择耐湿或抗涝的植物，具有纪念性、历史性的环境，应设立纪念性景观或种植纪念树或维持原貌等。

（5）绿地指标要求高。据统计，我国高校目前绿地率已达10%，平均每人绿化用地已达4～6m²。但国家规定，要达到人均占有绿地7～11m²，绿地率超过30%；今后，学校的新建和扩建都要努力达标。如果高校绿化结合教学、实习园地，则绿地率达到30%～50%的绿化指标。

3.2 校园绿地规划设计内容

一般校园绿化面积应占全校总用地面积的50%～70%，才能真正发挥绿化效益，根据学校各部分建筑功能的不同，在布局上，既要做好区域分割，避免相互干扰，又要相互联系，形成统一的整体。根据学校各部分的功能不同，一般可分为校前区、教学区、学生生活区和校园干道等几个部分。

（1）校前区。校前区为大门至学校主楼（教学楼、办公楼）之间的广阔空间，是学校的门户和标志。大门绿化以装饰性绿地为主，要与大门的建筑形式相协调，其外侧绿化应与街景一致，突出校园安静、美丽、庄重。大方的气氛。大门内宜设置入口内广场，解决景观和交通的需求。大专院校一般占地面积较大，常在大门内外和主楼前后设有广场和停车场。大门通向主楼的道路两侧绿化应适合道路宽度，选择比例适当、树冠大、荫浓的大，中型观赏树作为行道树。

（2）教学区。教学区一般包括教学楼、实验室、图书馆、报告厅等相互之间的空间场地等。该区域是以教学为中心的，在绿化布置上，首先要保证教学环境的安静，在不妨碍楼内采光和通风的情况下，主要以对称布局种植高大乔木或常绿花灌木。在教室、实验室外围可设立适当的铺装场地和运动设施，供学生课间休息活动。教学楼周边应考虑教室采光，墙基处花灌木的高度不应超过窗口，常绿乔木要远离建筑5m以上。

（3）学生生活区。学生生活区一般面积较大，体育活动场、园艺场、科研基地、食堂、宿舍等多布置在这里。运动场周围的绿化，要根据地形情况，种植数行常绿和落叶乔灌木混交林带。运动场与教室、宿舍之间，应有15m以上宽度的林带。大专院校运动场，离教室、图书馆应有50m以上的林带，以防来自运动场的噪声影响教室和宿舍内的同学。学生宿舍楼周围的绿化，应以校园的统一美观为前提，宿舍前后的绿地设计成装饰性绿地；宿舍楼中庭可铺装为场地，为学生提供良好的学习和休息场地，但绿化面积有所减少。

园艺场、实习场等绿化，要根据教学活动的需要进行配置，特别是农林、生物等大专院校，还可以结合专业建设植物园、果园、动物园等。以园林形式布局，既有利于专业教学，科研，又为师生们的课余时间提供休息、散步、游览的场所。

（4）校区道路。道路是连接校内各区域的纽带，其绿化布置是学校绿化的主要组成部分。主干道较宽（12～15m）时，两侧种植高大乔木形成庭荫树，之间可适当种植绿篱、花灌木及花草等；道路中间可设置1～2m宽的绿化带。主干道较窄（5～6m）时，道路两侧栽植整形树和花草，适当设置一些休息凳，以提高其观赏效果和便于行人休息。校内甬道，路面由方砖铺设，路边可用装饰性矮围栏、矮绿篱，与其他绿化工程协调，形成统一的整体美。

案例分析：校园景观规划设计

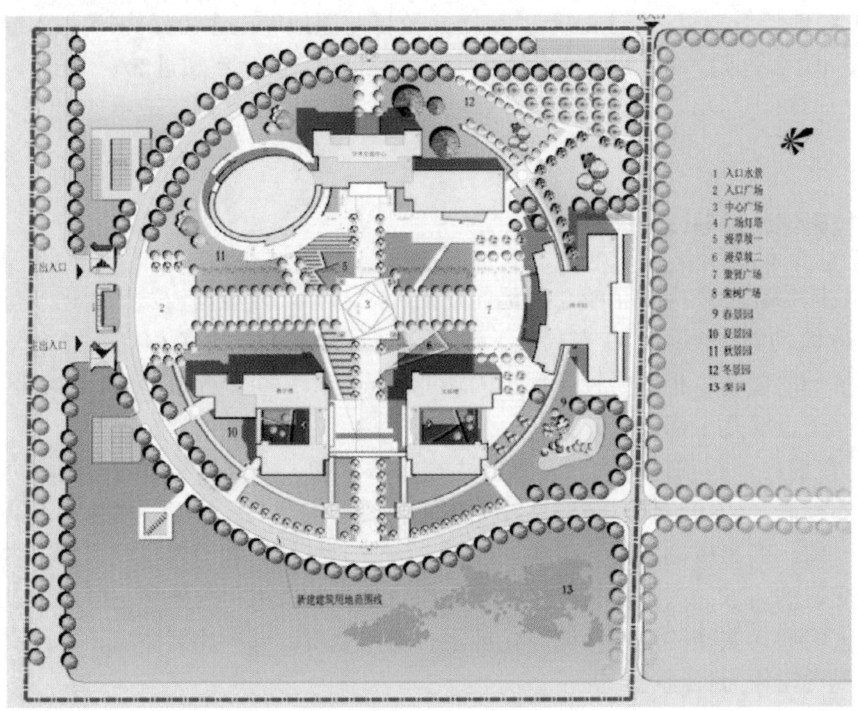

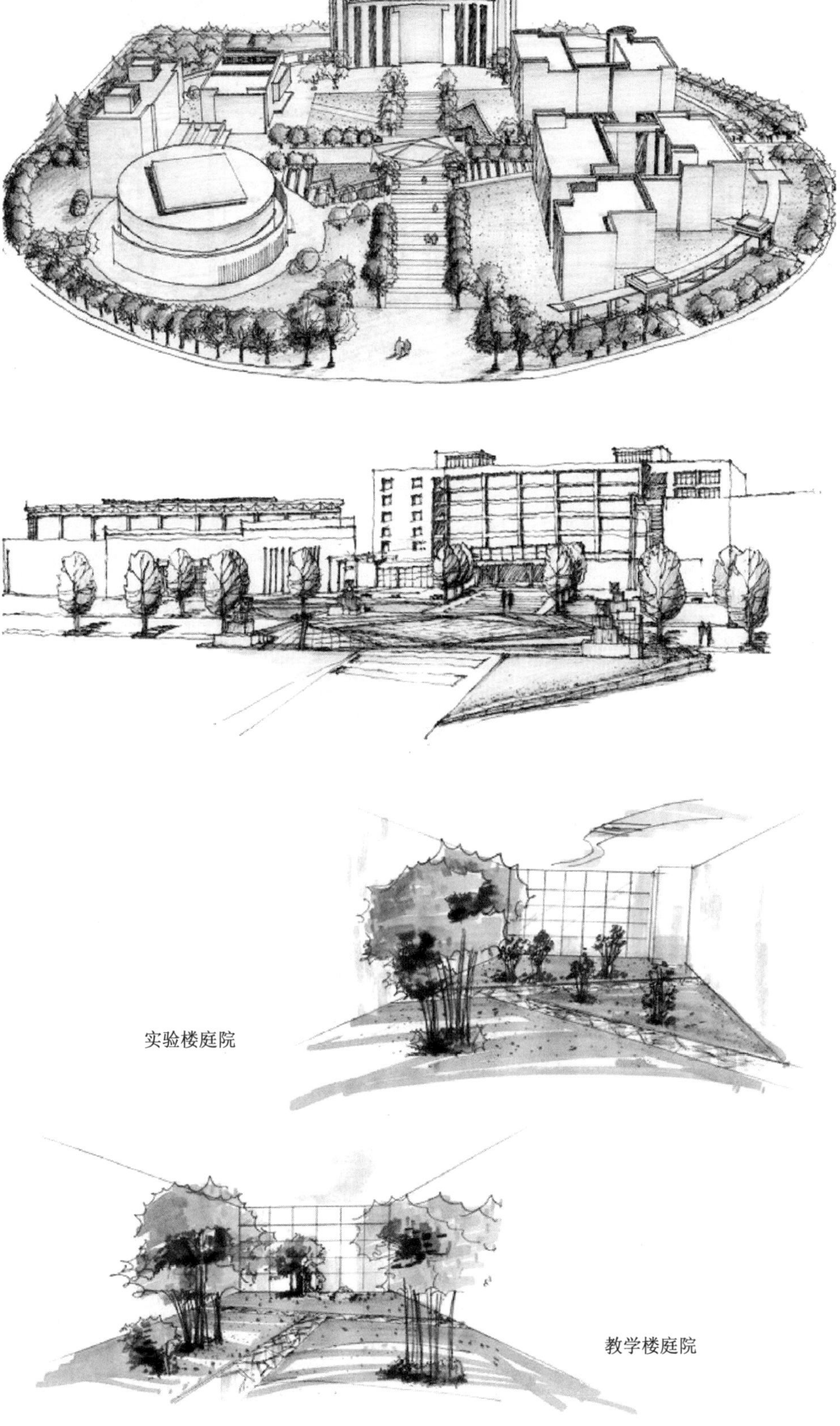

实验楼庭院

教学楼庭院

4. 医疗机构绿地规划设计

医疗机构绿地的主要功能是卫生防护，辅助功能为康复休闲，为病人创造一个优美的绿化环境，以利于身心健康的恢复。

医疗机构绿地规划设计的基本原则：应与医疗机构的建筑布局相一致，布局紧凑。建筑前后绿化不宜过于闭塞，以便于辨识病房、诊室等。全院绿化面积占总用地的70%以上。

4.1 医疗机构绿地规划设计内容：

（1）大门区绿化。大门绿化应与街景协调一致，也要防止来自街道和周围的尘土、烟尘和噪声污染，所以在医院用地的周围应密植10～20m宽的防护林带。应设置一定的人流聚散广场和临时停车场地。

（2）门诊区绿化。门诊部靠近出入口，人流比较集中，是城市街道和医院的结合部，需要有较大的缓冲场地，场地及周围以美化为主做适当的绿化布置。广场周围种植整形绿篱，开阔的草坪，花开四季的花灌木。门诊楼建筑前的绿化布置应以草坪为主，丛植乔灌木，乔木应离建筑5m以外栽植，以免室内的通风、采光及日照受到影响。医院临街的围墙，以通透式为好，使医院庭院内绿树红花与街道上绿荫树形成整体。门诊部前除需要设有广场外，同时布置休息绿地也是很重要的。种植花草树木可选择一些能分泌杀菌素的树种。应设置一定数量的座椅，供病人候诊和休息时使用。

（3）住院区绿化。住院区常位于医院比较安静的地段。在住院楼的周围，庭园应精心布置，以供病员室内外活动和辅助医疗之用。在中心部分可有较整形的广场，也可作为日光浴场所和亲属探望病人的室外接待处。植物布置要有明显的季节性，使长期住院的病员感到自然界的变化。还可多栽些药用植物，使植物布置和药物治病结合起来，增加药用植物知识，减弱病人对疾病的精神负担，有利于病员的心理健康，是精神治疗的一个方面。一般病房与隔离病房应有30m的绿化隔离地段，且不能同用一个花园。

（4）辅助区绿化。主要由手术部、中心供应部、药房、X光室、理疗室和化验室等部分组成。这部分应单独设立，周围密植常绿乔灌木，形成完整的隔离带。特别是手术室、化验室、放射室等，四周的绿化必须注意不种有绒毛和花絮的植物，并保证通风和采光。

（5）服务区绿化。如洗衣房、晒衣场、锅炉房、商店等。晒衣场与厨房等杂务院可单独设立，周围密植常绿乔灌木，形成完整隔离带。有条件的可设置一定面积的苗圃和温室，除绿化布置外，可为病房、诊疗室等提供公园用花，以改善、美化室内环境。

4.2 不同性质医院的一些特殊要求

（1）儿童医院。主要接受年龄在14周岁以下的病儿。在绿化布置中，要安排儿童活动场地及儿童活动的设施。其外形、色彩、尺度，都要符合儿童的心理与需要，进行设计与布局。树种选择要尽量避免种子飞扬、有恶臭、异味、有毒、带刺的植物，以及引起过敏的植物，还可布置些图案式样的装饰性园林小品。

（2）传染医院。主要接受有急性传染病、呼吸道系统疾病的病人。传染病医院周围的防护隔离带的作用就显得十分重要，应比一般医院宽15～25米的林带，由乔灌木组成，并将常绿树和落叶树一起布置，使之在冬天也能起到良好的防护效果。在不同病区之间也要适当隔离，利用绿地把不同病人组织到不同的空间区休息和活动，以防止交叉感染。病员活动区布置一定的场地和设施，以供病员进行散步、下棋、聊天等活动，为他们提供良好的条件。

4.3 植物的选择原则

（1）树种应以常绿树为主，兼具有杀菌及药用的花灌木和草本植物。

（2）植物选择注意不同功能区域对植物特点的要求不同，应区别对待。

（3）注意传染病科、儿童病科、精神病科、呼吸道病科等病人的特殊要求。

下图为某医院中庭绿化布置图。

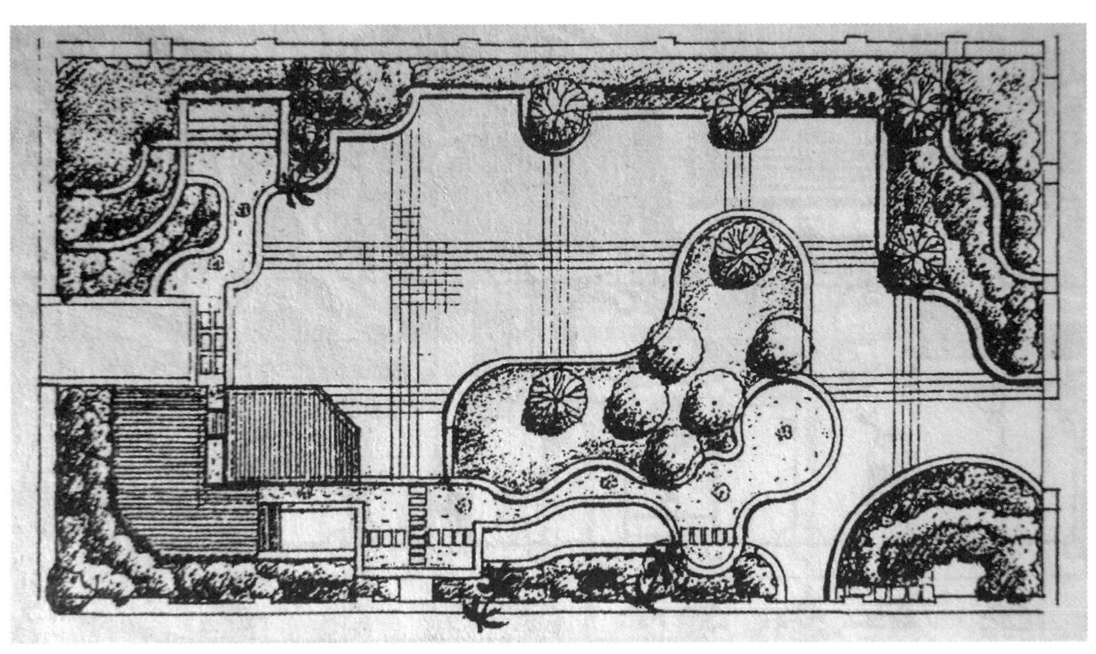

计 划 单

<table>
<tr><td>学习领域</td><td colspan="4">园林规划设计</td></tr>
<tr><td>学习情境4</td><td colspan="2">单位附属绿地规划设计</td><td>学时</td><td>4</td></tr>
<tr><td>计划方式</td><td colspan="4">小组成员团队合作共同制订工作计划</td></tr>
<tr><td>序号</td><td colspan="2">实施步骤</td><td colspan="2">使用资源</td></tr>
<tr><td>1</td><td colspan="2">调查当地的气候、土壤、地质条件等自然环境。</td><td colspan="2"></td></tr>
<tr><td>2</td><td colspan="2">了解单位附属绿地规划设计周边环境、当地居民生活习惯、当地人文历史情况。</td><td colspan="2"></td></tr>
<tr><td>3</td><td colspan="2">实地考察测量，或者通过其他途径获得现状平面图。</td><td colspan="2"></td></tr>
<tr><td>4</td><td colspan="2">分析各种因素，做出总体方案初步设计。</td><td colspan="2"></td></tr>
<tr><td>5</td><td colspan="2">充分研讨，确定总平面图。</td><td colspan="2"></td></tr>
<tr><td>6</td><td colspan="2">绘制其他图纸，包括功能分区规划图、地形设计图、植物种植设计图、建筑小品平面图、立面图、剖面图、局部效果图或总体鸟瞰图等。</td><td colspan="2"></td></tr>
<tr><td>7</td><td colspan="2">编制设计说明书。</td><td colspan="2"></td></tr>
<tr><td>8</td><td colspan="2"></td><td colspan="2"></td></tr>
<tr><td>9</td><td colspan="2"></td><td colspan="2"></td></tr>
<tr><td>10</td><td colspan="2"></td><td colspan="2"></td></tr>
<tr><td>制订计划说明</td><td colspan="4"></td></tr>
<tr><td rowspan="3">计划评价</td><td>班级：</td><td>第　　组</td><td colspan="2">组长签字：</td></tr>
<tr><td colspan="2">教师签字：</td><td colspan="2">日期：</td></tr>
<tr><td colspan="4">评语：</td></tr>
</table>

材料工具清单

学习领域	园林规划设计						
学习情境4	单位附属绿地规划设计				学时		2
项目	序号	名称	作用	数量	型号	使用前	使用后
所用仪器设备	1	经纬仪					
	2	电脑					
	3	打印机					
	4	扫描仪					
	5						
	6						
所用材料	1	绘图纸					
	2	铅笔					
	3	彩铅					
	4	橡皮					
	5	透明胶					
	6						
所用工具	1	皮尺					
	2	钢卷尺					
	3	小刀					
	4	绘图板					
	5	丁字尺					
	6	比例尺					
	7	三角板					
	8	针管笔					
	9	马克笔					
	10	圆模板					
班级	第　　组		组长签字： 教师签字：				

作 业 单

<table>
<tr><td>学习领域</td><td colspan="4">园林规划设计</td></tr>
<tr><td>学习情境4</td><td colspan="2">单位附属绿地规划设计</td><td>学时</td><td>14</td></tr>
<tr><td>作业方式</td><td colspan="4">上交一套设计方案（手绘或计算机辅助设计图纸和设计说明）</td></tr>
<tr><td>1</td><td colspan="4">完成当地某待建单位附属绿地规划设计</td></tr>
<tr><td colspan="5">一、操作步骤：
1. 对单位附属绿地规划设计绿化优秀作品进行分析、学习
2. 进行实训操作动员和设计的准备工作
3. 对初步设计方案进行分析、指导
4. 修改、完善设计方案，并形成相对完整的设计方案。
二、操作方式：
1. 采用室外现场参观等形式，对单位附属绿地规划设计景观进行分析、点评
2. 对单位附属绿地规划设计景观设计优秀作品分析讲评
3. 拟定具体的单位附属绿地规划设计建设项目进行方案设计
三、操作要求：
所有图纸的图面要求表现力强，线条流畅、构图合理、清洁美观，图例、文字标注、图幅等符合制图规范。设计图纸包括：
1. 单位附属绿地规划设计总平面图。表现各种造园要素（如山石水体、园林建筑与小品、园林植物等）。要求功能分区布局合理，植物配置季相鲜明。
2. 透视或鸟瞰图。手绘单位附属绿地规划设计实景，表现绿地中各个景点、各种设施及地貌等。要求色彩丰富、比例适当、形象逼真。
3. 园林植物种植设计图。表示设计植物的种类、数量、规格、种植位置及类型和要求的平面图样。要求图例正确、比例合理、表现准确。
4. 局部景观表现图。用手绘或者计算机辅助制图的方法表现设计中有特色的景观。要求特点突出，形象生动。
另外，设计说明语言流畅、言简意赅，能准确地对图纸补充说明，体现设计意图。</td></tr>
<tr><td rowspan="4">计划评价</td><td colspan="2">班级：</td><td>第　　组</td><td>组长签字：</td></tr>
<tr><td colspan="2">学号：</td><td colspan="2">姓名：</td></tr>
<tr><td>教师签字：</td><td colspan="2">教师评分：</td><td>日期：</td></tr>
<tr><td colspan="4">评语：</td></tr>
</table>

决 策 单

<table>
<tr><td>学习领域</td><td colspan="7">园林规划设计</td></tr>
<tr><td>学习情境4</td><td colspan="5">单位附属绿地规划设计</td><td>学时</td><td>4</td></tr>
<tr><td colspan="8">方案讨论</td></tr>
<tr><td rowspan="11">方案对比</td><td>组号</td><td>构思</td><td>布局</td><td>线条</td><td>色彩</td><td>可行性</td><td>综合评价</td></tr>
<tr><td>1</td><td></td><td></td><td></td><td></td><td></td><td></td></tr>
<tr><td>2</td><td></td><td></td><td></td><td></td><td></td><td></td></tr>
<tr><td>3</td><td></td><td></td><td></td><td></td><td></td><td></td></tr>
<tr><td>4</td><td></td><td></td><td></td><td></td><td></td><td></td></tr>
<tr><td>5</td><td></td><td></td><td></td><td></td><td></td><td></td></tr>
<tr><td>6</td><td></td><td></td><td></td><td></td><td></td><td></td></tr>
<tr><td>7</td><td></td><td></td><td></td><td></td><td></td><td></td></tr>
<tr><td>8</td><td></td><td></td><td></td><td></td><td></td><td></td></tr>
<tr><td>9</td><td></td><td></td><td></td><td></td><td></td><td></td></tr>
<tr><td>10</td><td></td><td></td><td></td><td></td><td></td><td></td></tr>
<tr><td>方案评价</td><td colspan="4">学生互评：</td><td colspan="3">教师评价：</td></tr>
<tr><td colspan="2">班级：</td><td colspan="2">组长签字：</td><td colspan="2">教师签字：</td><td colspan="2">日期：</td></tr>
</table>

教学反馈单

学习领域	园林规划设计			
学习情境4	单位附属绿地规划设计	学时	2	
序号	调查内容	是	否	理由陈述
1	你是否明确本学习情境的学习目标？			
2	你是否完成学习情境的学习任务？			
3	你是否达到本学习情境的要求？			
4	资讯的问题你都能回答吗？			
5	你是否喜欢这种上课方式？			
6	通过几天的工作和学习，你对自己的表现是否满意？			
7	你对本小组成员之间的合作是否满意？			
8	你认为本学习情境对你将来的学习和工作有帮助吗？			
9	你认为本学习情境还应补充哪些方面的内容？			
10	本学习情境学习后，你还有哪些问题不明白？哪些问题需要解决？			
你的意见对改进教学非常重要，请写出你的建议和意见：				
被调查人姓名：		调查时间：		

学习情境5

屋顶花园规划设计

任 务 单

【学习领域】

园林规划设计

【学习情境5】

屋顶花园规划设计

【学时】

28

【布置任务】

学习目标：

通过对屋顶花园景观设计理论讲解及实例分析，使学生具备综合所学的知识对屋顶花园的规划形式、景观要素进行合理布置的设计能力，并能达到实用性、科学性与艺术性的完美结合。主要考核要求包括：

1. 掌握城市屋顶花园设计基本理论。
2. 能进行城市屋顶花园规划设计。
3. 了解屋顶花园日常养护管理要点。

任务描述：

综合运用所学的知识对给定的屋顶花园绿化建设项目进行规划设计，呈交一套完整的设计文件（设计图纸和设计说明）。

所有图纸的图面要求表现力强，线条流畅、构图合理、清洁美观，图例、文字标注、图幅等符合制图规范。设计图纸包括：

1. 屋顶花园设计总平面图。表现各种造园要素（如山石水体、园林建筑与小品、园林植物等）。要求布局合理，植物配置符合屋顶花园的特色、季相鲜明。

2. 透视或鸟瞰图。手绘屋顶花园实景，表现绿地中各个景点、各种设施及地貌等。要求色彩丰富、比例适当、形象逼真。

3. 园林植物种植设计图。表示设计植物的种类、数量、规格、种植位置及类型和要求的平面图样。要求图例正确、比例合理、表现准确。

4. 局部景观表现图。用手绘或者计算机辅助制图的方法表现设计中有特色的景观。要求特点突出，形象生动。

5. 设计说明。语言流畅、言简意赅，能准确地对图纸补充说明，体现设计意图。

【学时安排】

资讯6学时；计划2学时；作业12学时；决策4学时；评价4学时。

【参考资料】

1．屋顶绿化规范（DB11/T 281—2005）. 北京市质量技术监督局，2005

2．《景观设计》编辑部编. 吴梅等译. 景观设计1，屋顶绿化和社区花园. 北京：中国林业出版社，2002

3．张国强，贾建中. 风景园林设计——中国风景园林规划设计作品集北京：中国建筑工业出版社，2005

4．徐峰，封蕾，郭子一. 屋顶花园设计与施工. 北京：化学工业出版社，2007

5．现代园林杂志

资 讯 单

【学习领域】

园林规划设计

【学习情境5】

屋顶花园规划设计

【学时】

4

【资讯方式】

在图书馆、专业刊物、互联网络及信息单上查询问题及资讯任课教师。

【资讯问题】

1．屋顶花园的发展历史与趋势。

2．请解释各专用术语。

3．简述屋顶花园的作用。

4．简述屋顶花园的特点。

5．简述屋顶花园的类型。

6．简述屋顶花园的设计原则。

7．简述屋顶花园常用的布局形式及应用。

8．简述屋顶花园种植区的构造。

9．简述屋顶花园植物选择原则。

10．简述屋顶花园常用的植物种类。

11．简述屋顶花园各构成要素的设计要点。

12．简述屋顶花园的养护管理。

13．请讨论某一屋顶花园实例的优缺点。

【资讯引导】

1．查看参考资料。

2．分小组讨论，充分发挥每位同学的能力。

3．相关理论知识可以查阅信息单上的内容。

4．对当地屋顶花园现状要进行实地踏查，拍摄照片、手绘现状图等，将相关资料通过各种可能的方法进行搜集。

信 息 单

【学习领域】

园林规划设计

【学习情境5】

屋顶花园规划设计

【学时】

4

【信息内容】

屋顶花园（绿化）可以广泛地理解为在各类建筑物、构筑物、城围、桥梁（立交桥）等的屋顶、露台、阳台或大型人工假山山体上进行造园、种植花草树木的统称。狭义上讲，屋顶花园是指在各类建筑物的顶部（包括屋顶、楼顶、露台或阳台）栽植花草树木，建造各种园林小品所形成的绿地。2002年10月颁发的《建设部关于发布行业标准（园林基本术语标准）的公告》中对其园林基本术语的定义是：屋顶花园（roof garden）是指在建筑物屋顶上建造的花园。屋顶花园与露地造园的最大区别是植物种植在人工建筑物或者构筑物之上，种植土壤不与大地土壤相连。

屋顶花园是在发展现代生态城市园林观念的推动下逐渐孕育出的一种特殊的园林形式，它以建筑物顶部平台为依托，进行蓄水、覆土并营造园林景观的一种空间绿化美化形式，它涉及建筑、农林和园艺等专业学科，是一个系统工程。它使建筑物的空间潜能与绿色植物的多种效益得到完美的结合和充分的发挥，在现代城市建设中发挥着重大作用，是人类可持续发展战略的重要组成部分。

随着建筑用地的日趋紧张，人口密集区不断增加，使得城市逐渐成为混凝土森林，大块的绿地面积锐减，生存的环境条件愈加恶化。同时，随着生活质量的提高，绿化也逐渐成为了一种人文需求，致使人们对环境的关注和重视达到前所未有的程度。但除了被列入城市规划内的绿化面积，城市中可”见缝插绿”的空间越来越少。在这样的情况下，利用各建筑屋顶开辟园林绿地，营造屋顶花园成了恢复绿地最有效、最直接的措施。

1. 屋顶花园的发展简史与现状

1.1 发展简史

据记载，屋顶花园并不是现代社会的产物。古代苏美尔人最古老的名城之一UR城所建的大庙塔就是屋顶花园的发源地，考古发现该塔三层平台上有植过大树的痕迹。相传春秋时期吴王夫差在太湖边建造了姑苏台，这大概是国内最早关于屋顶花园的记录。姑苏台又名姑胥台，在苏州城外西南隅的姑苏山上，姑苏台遗址即今灵岩山。姑苏台横跨2500m，高台四周不仅栽有美丽的花木，而且还修建人工湖供划船用。

被人们称为真正屋顶花园的是新巴比伦出现的“空中花园”。新巴比伦“空中花园”建于公元前6世纪，遗址在现伊拉克巴格达城的郊区。它被认为是世界七大奇迹之一。公元前604—562年巴比伦国王尼布甲尼撒二世为取悦自己的妻子，下令在平原地带的巴比伦堆筑土山，并用石柱、石板、砖块、铅饼等垒起每边长125m、高25m的台子，在台上层层建造宫室，处处种植花草树木，并动用人力将河水引上屋顶花园，除供花木浇灌外，还形成屋顶溪流和人工瀑布。此园为金字塔形多层露台，在露台四周种植花木，整体外观恰似悬空，故称“Hanging Garden”（图5-1）。

图5-1　巴比伦“空中花园”

中国古代建筑物顶上大面积种植花木营造花园的尚不多见，只是在一些地方的古城墙上有过树木栽种。距今500年前明代建造的山海关长城上种有成排的松柏，山西平定县的娘子关长城上亦有树木种植。另外，公元1526年明嘉靖年间建造的上海豫园中的大假山上及快楼前均有较大乔木。

意大利在文艺复兴的同时，屋顶花园也初露头角。但是由于年代久远。有些已经被毁坏。因此人们对意大利当时的屋顶花园了解得很少。意大利第一个屋顶花园是鲍彼·皮勿斯二世在佛罗伦萨南部建造的私人住宅花园，该屋顶花园至今仍保存完好。鲍彼·皮勿斯二世是早期文学与艺术的拥护者，花费大量人力、物力、财力和精力建造他的私人住宅花园，花园屋顶上栽植了大量珍稀花木，并引种了大量的外来植物品种，所以这个屋顶花园拥有丰富的园艺植物品种，这一屋顶花园曾经成为美第奇家族的种苗基地。

俄罗斯克里姆林宫这一世界闻名的建筑群，享有“世界第八奇景”的美誉，是旅游者必到之处。17世纪，克里姆林宫修建了一个巨大的两层屋顶花园。这个巨大的屋顶花园修建在拱形柱廊上面，与主建筑处于同一高度，并排附带两个挑出的悬空平台。几乎伸到了莫斯科河上方，使屋顶花园的面积达到1000m²。顶层的屋顶花园周围石墙环绕，并且有一个水池，低层的屋顶花园也有一个水池，水池中的水从莫斯科河引进来。传说彼得大帝小时候喜欢在水池边玩，并且在这个水池中组建了一支玩具舰队。

17世纪以来，多个欧洲国家开始更多的依靠国家介入和科技发展设计建造屋顶花园。二战前后，屋顶花园的发展进入了一个相对瓶颈期，直到20世纪50年代末至60年代初，一些公共或私人的屋顶花园又开始建设。

1.2 发展现状

西方发达国家在20世纪60年代以后，相继建造各类规模的屋顶花园。通过规划设计统一建在屋顶的花园，多数是在大型公共建筑和居住建筑的屋顶或天台。目前屋顶花园在国外不是“空中楼阁”。美国芝加哥为减轻城市热岛效应，推动一项屋顶花园工程来为城市降温。日本东京明文规定新建筑占地面积只要超过1000m²，屋顶的1/5必须为绿色植物所覆盖，否则开发商就得接受罚款。近几十年来，德国、日本对屋顶绿化及其相关技术有了较深入的研究，并形成了一套完整的技术，是世界上屋顶绿化技术水平发展较快的国家。日本设计的楼房除加大阳台以提供绿化面积外，还把最高层的屋顶连成一片，在屋顶栽花种草。而德国则进一步更新楼房造型及其结构，将楼房建成阶梯式或金字塔式的住宅群，布置起各种形式的屋顶花园后，如同一条五彩缤纷的巨型地毯，美不胜收。1882年位于百老汇和第39号街之间的娱乐宫剧院竣工，开创了屋顶剧院的先河。继屋顶剧院的兴起，在美国一些大型高档酒店也开始对屋顶进行设计，在屋顶上摆放盆栽植物、种植花木、设置葡萄棚架和规则式的喷泉等，客人们可以在浓郁的绿树下散步、观赏风景，甚至可以在上面举行大型晚宴、舞会。阿斯特宾馆是当时拥有一流屋顶花周的宾馆，从20世纪20年代初到第二次世界大战结束。这一高9层，拥有500多个房间的宾馆，占据了百老汇整个街区。整个屋顶花园长305m。

我国自20世纪60年代开始研究屋顶花园和屋顶绿化的建造技术，从此屋顶花园绿化真正进入城市的建设规划范围。与发达国家相比，我国的屋顶花园和绿化由于受到基建投资、建造技术和材料等影响，还处于起步阶段。就全国而言，屋顶花园仅在南方个别省市和地区有所发展和建造，而这些也多为利用原有建筑物的屋顶平台，加以改造，真正按规划设计建造的较大型屋顶花园尚属个别。开展最早的是四川省，20世纪60年代初，成都、重庆等一些城市的工厂车间、办公楼、仓库等建筑的平屋顶上就开始被人们利用种植农作物，如瓜果、蔬菜。20世纪70年代，我国第一个屋顶花园在广州东方宾馆屋顶建成，它是我国建造最早，并按统一规划设计，与建筑物同步建成的屋顶花园。1983年，北京修建了五星级宾馆——长城饭店（图5-2）。在饭店主楼西侧低层屋顶上，建起我国北方第一座大型露天屋顶花园。随着我国城市化的加速，城市建成区中绿地面积不足的现象日益明显，建设屋顶花园，提高城市的绿化覆盖率，改善城市生态环境，已越来越受到重视。近10年来，屋顶花园在我国一些经济发达城市发展很快，如深圳、重庆、成都、广州、上海、长沙、兰州、武汉等城市。有的已经对屋顶进行开发，如广州东方宾馆屋顶花园、广州白天鹅宾馆的室内屋顶花园（图5-3、5-4）、上海华亭宾馆屋顶花园、重庆泉外楼、沙平大酒家屋顶花园等。

图5-2　北京长城饭店屋顶花园

图5-3　广州白天鹅宾馆室内屋顶花园

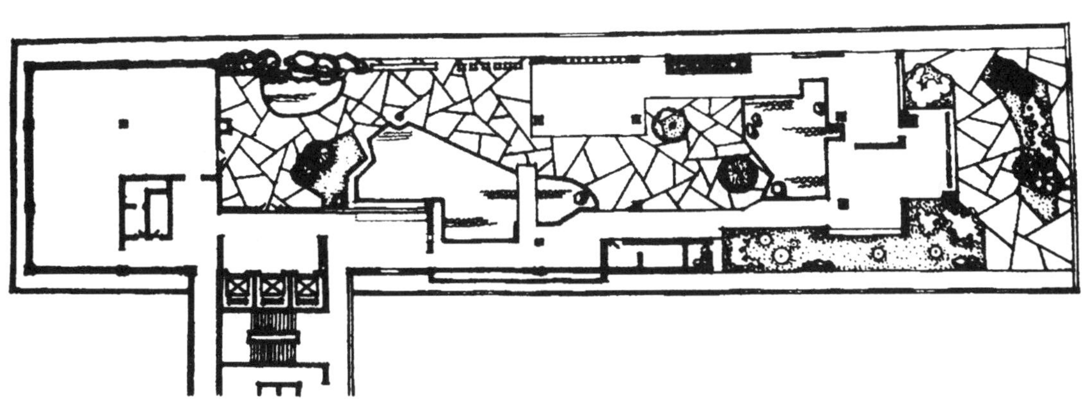

图5-4　广州东方宾馆屋顶花园平面图

2. 屋顶花园的作用

2.1 有效解决建筑与园林争地的矛盾，增加城市绿化面积

随着人民生活水平的提高，人们对人居环境提出了更高的要求，人们需要更多的绿地，使得建筑用地与园林用地矛盾越来越突出。屋顶花园可以补偿建筑物的占地面积，缓解由于城市人口猛增、街道拓宽、新区开发、旧区拆建而人均绿地面积下降的趋势，成功解决人和建筑物两者与绿地争地的矛盾，是满足城市绿化要求的一种最佳措施。据统计，仅北京地区，如果仅仅将其中50%的可绿化屋顶绿化了，就能够增加绿化覆盖面积3490hm²；在上海，2亿多平方米屋顶可用于屋顶绿化，潜力巨大。因此，对于我国绿化覆盖率低、人口密度大的城市，屋顶绿化具有重要意义。

2.2 有效缓解城市热岛效应，降低噪声污染，提高生态效应

城市热岛（Urban Thermal Island）是城市气候中的一个显著特征。近年来城市工业迅速发展。工厂、机动车辆、居民生活燃料排放出大量热量。另一方面，城市中建筑群密集，沥青和水泥等材料比土壤、植被具有更大的热容量（可吸收更多的热量），而反射率小，使得城市白天吸收储存太阳能多，而夜晚降温缓慢，能量剩余非常大。特别是夏天，同建筑较少的郊区相比，市内的气温显著升高，出现令人难以忍受的高温。而绿化屋顶可以通过土壤的水分和生长的植物吸收夏季阳光的辐射热量，有效地阻止屋顶表面温度升高，从而降低屋顶下的室内温度。在酷热的夏天，当气温为30℃时，没有绿化的地面已达到不堪忍受的40～50℃。而绿化屋顶基层下10cm处，温度为舒适的20℃。屋顶绿地还能通过光合作用吸收大量二氧化碳等温室气体。联合国环境署曾有研究表明，如果一个城市的屋顶绿化率达到70%以上，城市上空的二氧化碳含量将下降50%，热岛效应也会消失。

植物对声波有一定的吸收作用，据瓦尔特•科尔布研究指出，绿化屋顶至少可以减少3dB的噪声，同时隔绝噪声声效能达到8dB；绿化屋顶与水泥屋顶相比，可降低噪声20～30dB。屋顶花园土层12cm厚时隔声大约40dB，20cm厚时隔声大约为46dB。对于那些地处闹市、机场、舞厅、厂房等的建筑物居民区来说，屋顶绿化无疑是个很有效的降低噪声的方法。

城市空气因交通工具及住宅、写字楼的空调设备等造成的污染已成为一大环境问题，绿化屋顶的植物覆盖层可以吸收部分有害气体，吸附空气中的粉尘，具有净化空气的作用。同时，屋顶绿化可以抑制建筑物内部温度的上升，增加湿度，防止光照反射、防风，对小环境的改善有显著效果。据国外研究数据显示，夏季屋顶植物可反射27%的阳光，吸收60%的阳光，能有效的削弱屋顶眩光。北京市园林科研所的调查表明，屋顶绿化每年可以滞留粉尘2.2kg/hm²，进行屋顶绿化后，建筑物的整体温度夏季可降低约2℃。而绿化场地周围的若干“小气候改善”的交叉作用使城市整体的气候条件得以改善。

屋顶花园可调节建筑物温度，节约能源。建筑物屋顶绿化可明显降低建筑物周围环境温度0.5～4℃，而建筑物周围环境的气温每降低1℃，建筑物内部的空调容量可降低6%。低层大面积的建筑物，由于屋面面积比壁面面积大，夏季从屋面进入室内的热量占总室内热量的70%以上。绿化的屋顶外表面最高温度比不绿化的屋顶外表面最高温度可低15℃以上。在冬天，屋顶绿化如采用地毯式满铺地被植物。则地被植物及其下的轻质植土组成的“毛毯”层完全可以取代屋顶的保温层，起到冬季保温、夏季隔热作用，像一个温暖的保护罩保护着建筑物。由此可见，屋顶花园是冬暖夏凉的“绿色空调”。

2.3 改变城市空中景观，美化环境，调节心理

当大面积推行屋顶花园之后，城市上层空间不再是单调的水泥屋面，而是充满了绿色及其他丰富多彩的色彩。低层建筑屋顶花园和高层屋顶花园形成一种层次对比。同时满足了高层建筑内人的心理需求，丰富了城市的空间层次，改变了原来那种呆板的毫无生机的空中景象，形成了多层次的空中美景。这对于身居高处的人们来说，如同身处绿化环抱的园林中，这也体现了人性化、高情感的生活层次。因此屋顶花园不仅能很好地调节人的心理，改变人们的精神面貌，还能调节人的神经系统，使人的紧张疲劳得到缓解和消除，推

动社会进步健康发展。

2.4 保护建筑物，延长屋顶建材使用寿命

水泥层面的屋顶由于太阳光的直接照射，屋顶面温度比空气气温高出许多，不同颜色和材料的屋顶温度升高幅度不一样，在夏季最高的可达到80℃以上。水泥屋顶面为热的不良导体，使屋顶内部产生引张力，从而使屋顶产生裂隙。在冬季，由于屋顶裂缝的存在，冰劈作用将加速屋顶的老化和脱落：屋顶的孔隙或裂隙中的水在冻结成冰时，使裂隙加深加宽。当冰融化时，水沿扩大了的裂隙更深入地渗入屋顶结构的内部，同时水量也可能增加，并再次冻结成冰。这样冻结、融化频繁进行，使屋顶裂隙不断扩大。由于风的作用使屋顶裂缝产生脱落，以致形成屋顶裂缝，产生漏水现象甚至削弱屋顶的物理强度，从而影响人们的居住和生活。屋顶绿化后可缓解冷热“冲击”，能有效延缓屋顶老化和因温度差引起的膨胀收缩而造成的屋顶构造裂缝渗漏现象，延长屋顶保护层的寿命，屋顶不易被腐蚀和风化。这种由于绿色覆盖而减轻风吹雨淋和阳光暴晒引起的热胀冷缩，可以保护建筑结构，以至延长其使用寿命3～5倍。

2.5 储水，促进雨水、废水的循环利用，缓解城市排水系统压力

通常在进行城区建设时，地表水都会因建筑物而形成封闭层，降落在建筑物表面的水按惯例都会通过排水装置引到排水沟，然后直接转送到自然或人工的排水设施，这样的做法会造成地下水的显著减少，随之而来的是水消耗的持续上升。这种恶性循环的最后结果导致了地下水资源的严重枯竭。屋顶花园可以把大量的降水储存起来，留在基层或通过植物蒸发掉。当屋顶被绿化时，降水强度可以降低70%，屋面排水可以大量减少，减轻了城市排水系统的压力。因而可缩小下水管道、溢洪管或储水池的尺寸。节省了成本，并显著减少处理污水的费用。

同时，屋顶花园还可以在一定程度上缓解区域局部用水问题。屋顶花园在遇大气降水时，雨水要经过屋顶植物表面，屋顶土壤层，植物和土壤缝隙吸收后最终经过屋顶管网最终汇聚到地面水池或地面管网。屋顶花园植物栽培时产生的对植物有营养作用的水和汇聚到地面水池的雨水也可以再次作为屋顶花园植物用水，另外在不污染其他水质和危害环境的前提下，它们还可以和地面花园中的水结合，形成水景观，这样通过水资源的二次利用减少区域水用量，缓解小区域尤其是干旱地区用水问题。

3. 屋顶花园的相关术语

3.1 屋顶绿化（roof greening）

在高出地面以上，周边不与自然土层相连接的各类建筑物、构筑物等的顶部以及天台、露台上的绿化。

（1）花园式屋顶绿化（intensive roof greening）。根据屋顶具体条件，选择小型

乔木、低矮灌木和草坪、地被植物进行屋顶绿化植物配置，设置园路、座椅和园林小品等，提供一定的游览和休憩活动空间的复杂绿化。

（2）简单式屋顶绿化（extensive roof greening）。利用低矮灌木或草坪、地被植物进行屋顶绿化，不设置园林小品等设施，一般不允许非维修人员活动的简单绿化。

3.2 屋顶荷载（roof load）

通过屋顶的楼盖梁板传递到墙、柱及基础上的荷载（包括活荷载和静荷载）。

（1）活荷载（临时荷载，temporary load）。由积雪和雨水回流，以及建筑物修缮、维护等工作产生的屋面荷载。

（2）静荷载（有效荷载，payload）。由屋面构造层、屋顶绿化构造层和植被层等产生的屋面荷载。

3.3 防水层（waterproof layer）

为了防止雨水和灌溉用水等进入屋面而设的材料层。一般包括柔性防水层、刚性防水层和涂膜防水层三种类型。

（1）柔性防水层（floppy waterproof layer）。由油毡或PEC高分子防水卷材粘贴而成的防水层。

（2）刚性防水层（rigid waterproof layer）。在钢筋混凝土结构层上，用普通硅酸盐水泥砂浆掺5%防水粉抹面而成的防水层。

（3）涂膜防水层（membrane waterproof layer）。用聚氨酯等油性化工涂料，涂刷成一定厚度的防水膜而成的防水层。

4. 屋顶花园的类型

屋顶花园按照使用要求可分为公共游憩型、营利型、家庭型和科研型；按建造形式与使用年限可分为长久型和容器（临时）型等；按绿化布局形式分可分为规则式、自然式和混合式；按植物材料分可分为地毯式、花坛式和花境式；按位置可分为低层建筑上的屋顶花园和高层建筑上的屋顶花园；按其周边的开敞程度可分为开敞式、半开敞式和封闭式。我国屋顶花园一般分为简单式屋顶绿化（图5-5）和花园式屋顶绿化（图5-6）。

图5-5　简单式屋顶绿化

4.1 简单式屋顶绿化

建筑受屋面本身荷载或其他因素的限制，不能进行花园式屋顶绿化时，可进行简单式屋顶绿化。

建筑静荷载应大于等于100kg/m²，建议性指标参见表5-1。

表5-1　屋顶绿化建议性指标

花园式屋顶绿化	绿化屋顶面积占屋顶总面积	≥60%
	绿化种植面积占绿化屋顶面积	≥85%
	铺装园路面积占绿化屋顶面积	≤12%
	园林小品面积占绿化屋顶面积	≤3%
简单式屋顶绿化	绿化屋顶面积占屋顶总面积	≥80%
	绿化种植面积占绿化屋顶面积	≥90%

主要绿化形式有下列几种。

（1）覆盖式绿化：根据建筑荷载较小的特点，利用耐旱草坪、地被、灌木或可匍匐的攀援植物进行屋顶覆盖绿化。

（2）固定种植池绿化：根据建筑周边圈梁位置荷载较大的特点，在屋顶周边女儿墙一侧固定种植池，利用植物直立、悬垂或匍匐的特性，种植低矮灌木或攀援植物。

（3）可移动容器绿化：根据屋顶荷载和使用要求，以容器组合形式在屋顶上布置观赏植物，可根据季节不同随时变化组合。

图5-6　花园式屋顶绿化

4.2 花园式屋顶绿化

新建建筑原则上应采用花园式屋顶绿化，在建筑设计时统筹考虑，以满足不同绿化形式对于屋顶荷载和防水的不同要求。

现状建筑根据允许荷载和防水的具体情况，可以考虑进行花园式屋顶绿化。

建筑静荷载应大于等于250kg/m²。乔木、园亭、花架、山石等较重的物体应设计在建筑承重墙、柱、梁的位置。

以植物造景为主，应采用乔、灌、草结合的复层植物配植方式，产生较好的生态效益和景观效果。花园式屋顶绿化建议性指标参见表5-1。

5. 屋顶花园的特点

5.1 地形地貌和水体

在屋顶上营造花园，一切造园要素均要受建筑物顶层承重的制约，其顶层的负荷是有限的。一般土壤容重要在1500～2000kg/m³左右，而水体的容重也为1000kg/m³，山石就更大了，因此，在屋顶上利用人工方法堆山贮水，营造大规模的自然山水是不可能的。在地面上造园的内容放在屋顶花园上必然受到制约。因此，屋顶花园上一般不能设置过大的山景，在地形处理上以平地为主，可以设置一些小巧的山石，但要注意必须安置在支撑柱的顶端，同时，还要考虑承重范围。在屋顶花园上的水池一般为形状简单的浅水池，水的深度在30cm左右为好，面积虽小，但可以利用喷泉来丰富水景。

5.2 建筑物、构筑物和道路广场

园林建筑物、构筑物、道路、广场等是根据人们的实用要求出发，完全由人工创造，在地面上的建筑物其大小是根据功能需要及景观要求建造，不受地面条件制约，而在屋顶花园上这些建筑物大小必然受到花园的面积及楼体承重的制约。因为楼顶本身的面积有限，多数在数一百平方米左右，大的不过上千平方米，因此，如果完全按照地面上所建造的尺寸来安排，势必会造成比例失调。另外，一些地面上的园林建筑（如石桥）远远超过楼体的承重能力，因此在楼顶上建造是不现实的。

在屋顶花园上建造的建筑必须遵循如下原则：一是从园内的景观和功能考虑是否需要建筑；二是建筑本身的尺寸必须与地面上尺寸有较大的区别；三是建筑材料应选用轻型材料；四是选择在支撑柱的位置建造。例如建造花架，在地面上通常用的材料是钢筋混凝土，而在屋顶花园建造中，则可以选择木质、竹质或钢材建造，这样同样可以满足使用要求。

另外，要求园内的建筑应相对少些，一般有1～3个足矣，不可过多，否则将显得过于拥挤。

5.3 园内植物

由于屋顶花园的位置一般距地面高度较高，即使在首层屋顶部的花园高度也在4～5m，如北京首都宾馆的第16层和第18层屋顶花园距地面近百米。因此，植物本身与地面形成隔离的空间，屋顶花园的生态环境是不完全同于地面的，其主要特点表现在以下几个方面：

（1）园内空气通畅，污染较少，屋顶空气湿度比地面低，同时，风力通常要比地面大得多，这使植物本身的蒸发量加大，而且由于屋顶花园内种植土较薄，很容易使树木倒伏。

（2）屋顶花园的位置高，很少受周围建筑物遮挡，因此接受日照时间长，有利于植物的生长发育。另外，日照强度的增加势必使植物的蒸发量增加，在管理上必须保证水的供应，所以在屋顶花园上选择植物应尽可能地选择那些阳性、耐旱、蒸发量较小的（一般为叶面光滑、叶面具有蜡质结构的树种，如南方的茶花、枸骨，北方的松柏、鸡爪槭等）植物为主，在种植层有限的前提下，可以选择浅根系树种，或以灌木为主，如需选择乔木，为防止被风吹倒，可以采取加固措施以利乔木生存。

（3）屋顶花园的温度与地面也有很大的差别，一般在夏季，白天花园内的温度比地面高出3～5℃，夜晚则低于地面3～5℃，温差大对植物进行光合作用是十分有利的。在冬季，北方一些城市其温度要比地面低6～7℃，致使植物在春季发芽晚，秋季落叶早，观赏期变短。因此，要求在选择植物时必须注意植物的适应性，应尽可能选择绿期长、抗寒性强的植物种类。

（4）植物在抗旱、抗病虫害方面也与地面不同。由于屋顶花园内植物所生存的土壤

较薄，一般草坪为15～25cm，小灌木为30～40cm，大灌木为45～55cm，乔木（浅根）为60～80cm。这样使植物在土壤中吸收养分受到限制，如果每年不及时为植物补充营养，必然会使植物的生长势变弱。同时，一般在屋顶花园上的种植土为人工合成轻质土，其容重较小，土壤孔隙较大，保水性差，土壤中的含水量与蒸发量受风力和光照的影响很大，如果管理跟不上，很容易使植物因缺水而生长不良，生长势弱，必然使植物的抗病能力降低，一旦发生病虫害，轻者影响植物观赏价值，重则可使植物死亡。因此，在屋顶花园上选择植物时必须选择高抗病虫害、耐瘠薄和其他方面抗性强的树种。

由于屋顶花园面积小，在植物种类上应尽可能选择植株低矮、观赏价值高、没有污染（不飞毛、落果少）的植物，只有这样才能建造出精巧的花园来。

6. 屋顶花园规划设计

6.1 基本原则

（1）安全性原则：屋顶花园是把地面的绿地搬到建筑的顶部，且其距地面有一定的高度，因此必须注意其安全指标，这种“安全”来自于两个方面的因素：

①屋顶承重安全。屋顶绿化应预先全面调查建筑的相关指标和技术资料，根据屋顶的承重，准确核算各项施工材料的重量和一次容纳游人的数量。

②屋顶防护安全。屋顶绿化应设置独立出入口和安全通道，必要时应设置专门的疏散楼梯。为防止高空物体坠落和保证游人安全，还应在屋顶周边设置高度在80cm以上的防护围栏。同时要注重植物和设施的固定安全。

（2）美观性原则：屋顶花园面积较小，必须精心设计，才能取得较为理想的艺术效果。在屋顶花园的设计时必须以“精”为主，以美为标，其景物的设计、植物的选择均应以“精美”为主，各种小品的尺度和位置上都要仔细推敲，同时还要注意使小尺度的小品与体形巨大的建筑取得协调。另外，一般的建筑在色彩上相对单一，因此在屋顶花园的建造中还要注意用丰富的植物色彩来淡化这种单一，突出其特色。在植物方面以绿色为主，适当增加其他色彩明快的花卉品种，这样通过对比突出其景观效果。

（3）适用性原则：建造屋顶花园的目的就是要在有限的空间内进行绿化，增加城市绿地面积，改善城市的生态环境，同时，为人们提供一个良好的生活与工作场所和优美的环境景观，但是不同的单位其营造的目的（因使用对象的不同）是不同的。对于一般宾馆饭店，其使用目的主要是为宾客提供一个优雅的休息场所；对一个小区，其目的又是从居民生活与休息来考虑的；对于一个科研单位，其最终目的是以科研、试验为主。因此，要求不同性质的花园应有不同的设计内容，包括园内植物、建筑、相应的服务设施。但不管什么性质的花园，其绿化应放在首位，因为屋顶花园面积本身就很小，如果植物绿化覆盖率又很低，则达不到建园的真正目的。一般屋顶花园的绿化（包括草本、灌木、乔木）覆盖率最好在60%以上，只有这样才能真正发挥绿化的生态效应。其植物种类不一定很多，但要求必须有相应的面积指标作保证，缺少足够绿色植物的花园不能称之为真正意义上的花园。

（4）人性化原则：坚持“以人为本”的原则，从个体的人的实际需要出发，尺寸、园林建筑与小品的设置、植物选配等，都以此为出发点去考虑。

（5）经济性原则：评价一个设计方案的优劣不仅仅是看营造的景观效果如何，还要看是否现实，也就是在投资上是否能够有可能。再好的设想如果没有经济作保障也只能是一个设想而已。一般情况下，建造同样的花园在屋顶要比在地面上的投资高出很多。因此，这就要求设计者必须结合实际情况，做出全面考虑。

6.2 屋顶花园设计

（1）布局形式

①自然式。在屋顶花园规划中，自然式布局占有很大比例，这种形式的花园布局，植物采用乔灌草混合方式，体现自然美，创造出有强烈层次感的立面效果。另外，利用乔灌木和草本植物对土层厚度需求的不同可以创造出一定的微地形变化的效果，如果与道路系统能够很好地结合，还可以创造出“自由”、“变化”、“曲折”的中国园林特色（图5-7）。

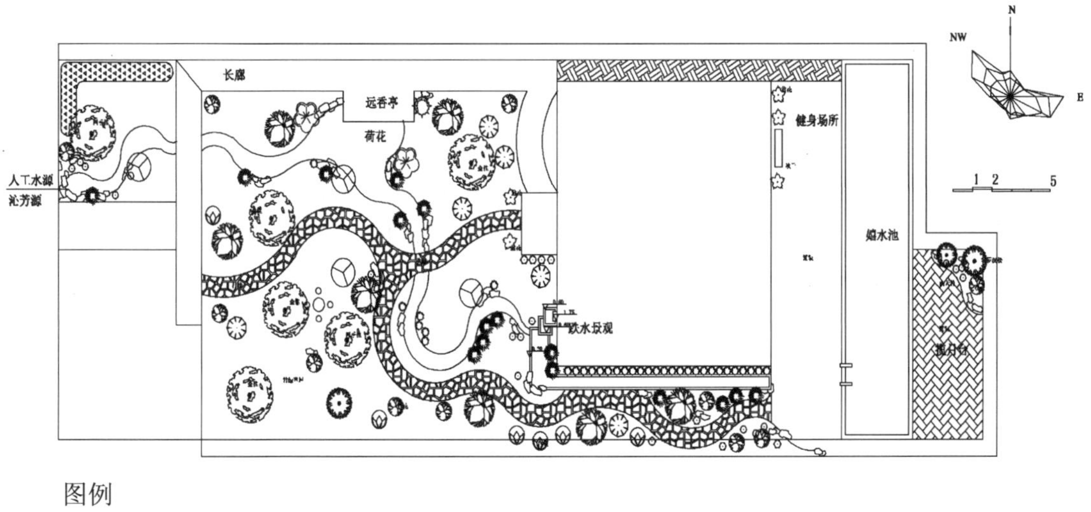

图例

图5-7　自然式屋顶花园

②规则式。规则式由于屋顶的形状多为几何形，且面积相对较小，为了使屋顶花园的布局形式与场地取得协调，通常采用规则式布局，特别是种植池多为几何形，以矩形、正方形、正六边形、圆形等为主，有时也做适当变换或为几种形状的组合。

a. 周边规则式。在花园中植物主要种植在周边，形成绿色边框，这种种植形式给人一种整齐美。

b. 分散规则式。这种形式多采用几个规则式种植池分散地布置于园内，而种植池内的植物可为草木、灌木或草本与乔木的组合，结果形成一种类似花坛式的块状绿地（图5-8）。

图5-8　分散规则式

c.模纹图案式。这种形式的绿地一般成片栽植，绿地面积较大，在绿地内布置一些具有一定意义的图案，给人一种整齐美丽的景观，特别是在低层的屋顶花园内布置，从高处俯视，其效果更佳。

d.苗圃式。这种布置方式主要见于我国南方一些城市，居民常把种植的果树、花卉等用盆栽植，按行列式的形式摆放于屋顶，这种场所一般摆放花盆的密度较大，以经济效益为主。

③混合式。具有以上两种形式的特色，主要特点是植物采用自然式种植，而种植池的形状是规则的，此种类型在屋顶花园属最常见的形式。

（2）种植设计

①种植区的构造

种植区由上至下分别由植被层、基质层、隔离过滤层、排（蓄）水层、隔根层、分离滑动层等组成。构造剖面示意见图5-9。

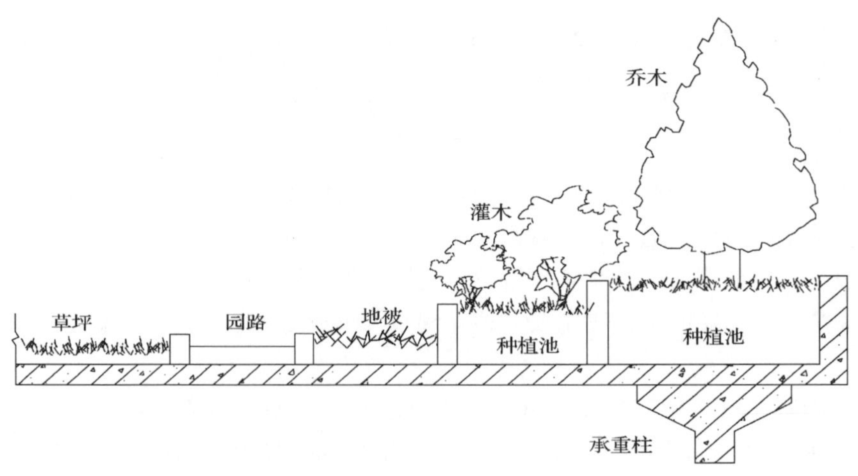

图5-9　屋顶绿化种植区构造层剖面示意图

a. 植被层。通过移栽、铺设植生带和播种等形式种植的各种植物，包括小型乔木、灌木、草坪、地被植物、攀援植物等。屋顶绿化植物种植方法见图5-10。

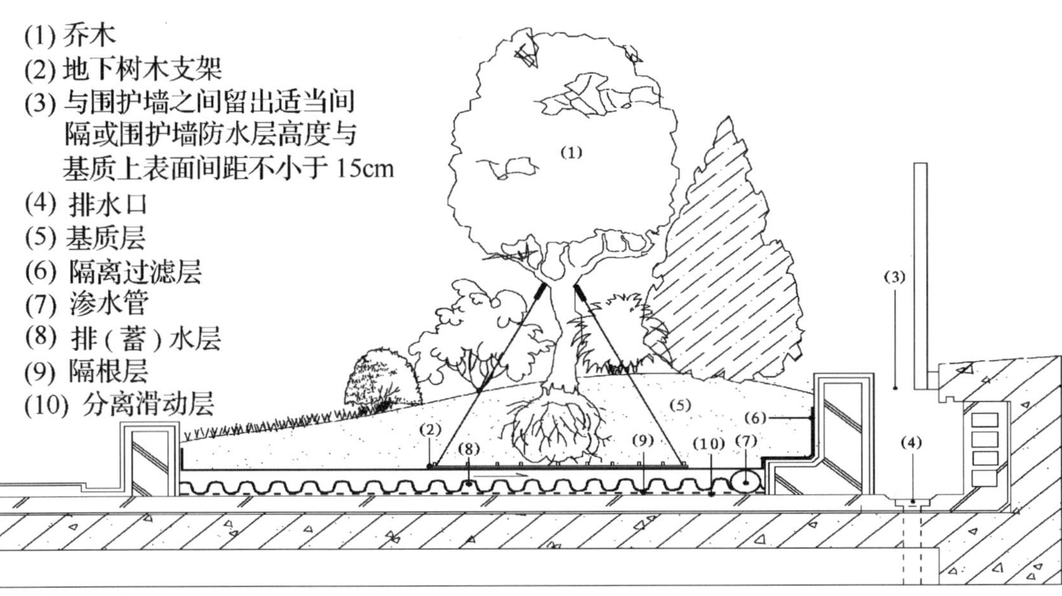

图5-10（1） 屋顶绿化植物种植池处理方法示意图

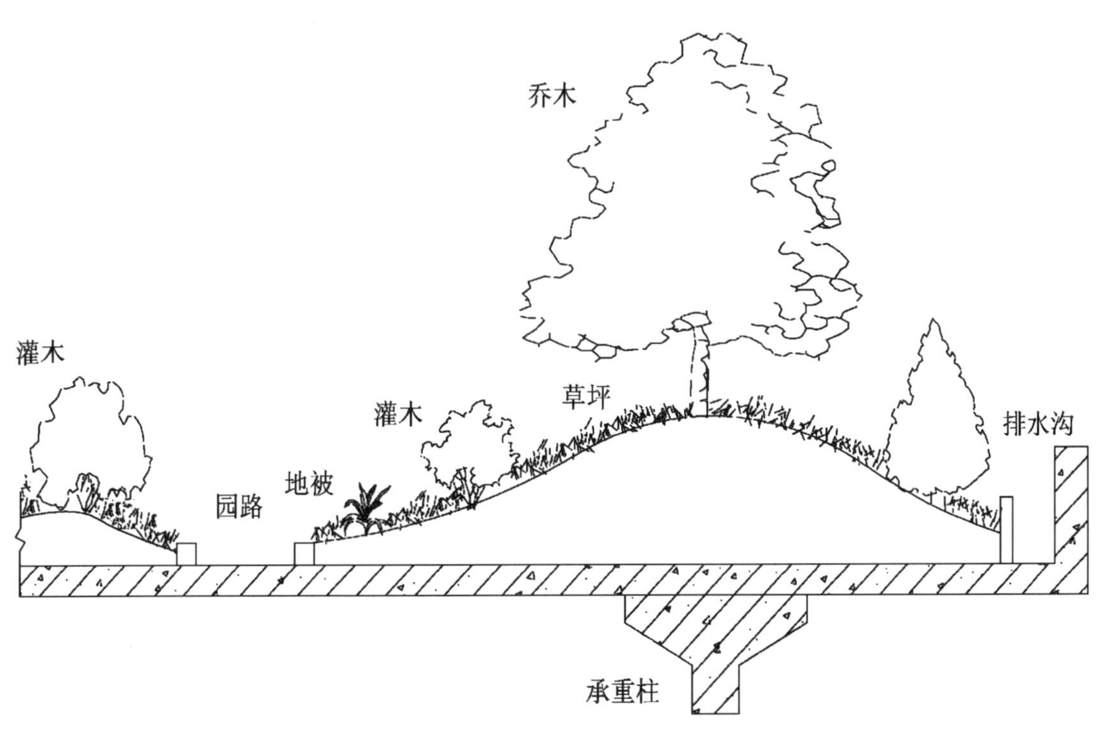

图5-10（2） 屋顶绿化植物种植微地形处理方法示意图

b.基质层。基质层是指满足植物生长条件，具有一定的渗透性能、蓄水能力和空间稳定性的轻质材料层。基质主要包括改良土和超轻量基质两种类型。改良土由田园土、排水材料、轻质骨料和肥料混合而成；超轻量基质由表面覆盖层、栽植育成层和排水保水层三部分组成。

屋顶花园的种植设计以突出生态效益和景观效益为原则，根据不同植物对基质厚度的要求，通过适当的微地形处理或种植池栽植进行绿化。屋顶绿化植物基质厚度要求见表5-2。

表5-2　屋顶绿化植物基质厚度要求

植物类型	植物高度（m）	基质厚度（cm）
小型乔木	2.0～2.5	≥60
大灌木	1.5～2.0	50～60
小灌木	1.0～1.5	30～50
草本、地被植物	0.2～1.0	10～30

屋顶绿化基质荷重应根据湿容重进行核算，不应超过1300kg/m³。常用的基质类型和配制比例参见表5-3，可在建筑荷载和基质荷重允许的范围内，根据实际酌情配比。

表5-3　常用基质类型和配制比例参考

基质类型	主要配比材料	配制比例	湿容重（kg/m³）
改良土	田园土，轻质骨料	1∶1	1200
	腐叶土，蛭石，沙土	7∶2∶1	780～1000
	田园土，草炭，（蛭石和肥）	4∶3∶1	1100～1300
	田园土，草炭，松针土，珍珠岩	1∶1∶1∶1	780～1100
	田园土，草炭，松针土	3∶4∶3	780～950
	轻砂壤土，腐殖土，珍珠岩，蛭石	2.5∶5∶2∶0.5	1100
	轻砂壤土，腐殖土，蛭石	5∶3∶2	1100～1300
超轻量基质	无机介质	------	450～650
注：　基质湿容重一般为干容重的1.2～1.5倍。			

c.隔离过滤层。一般采用既能透水又能过滤的聚酯纤维无纺布等材料，用于阻止基质进入排水层。

隔离过滤层铺设在基质层下，搭接缝的有效宽度应达到10～20cm，并向建筑侧墙面延伸至基质表层下方5cm处。

此层选用的材料应具备既能透水又能过滤，且颗粒细小，同时还能满足经久耐用、造价低廉的条件。常见的过滤层使用的材料有：稻草、玻璃纤维布、粗沙、细炉渣等。

d.排（蓄）水层。一般包括排（蓄）水板、陶砾（荷载允许时使用）和排水管（屋顶排水坡度较大时使用）等不同的排（蓄）水形式，用于改善基质的通气状况，迅速排出多余水分，有效缓解瞬时压力，并可蓄存少量水分。

排（蓄）水层铺设在过滤层下。应向建筑侧墙面延伸至基质表层下方5cm处。铺设方法见图5-11。

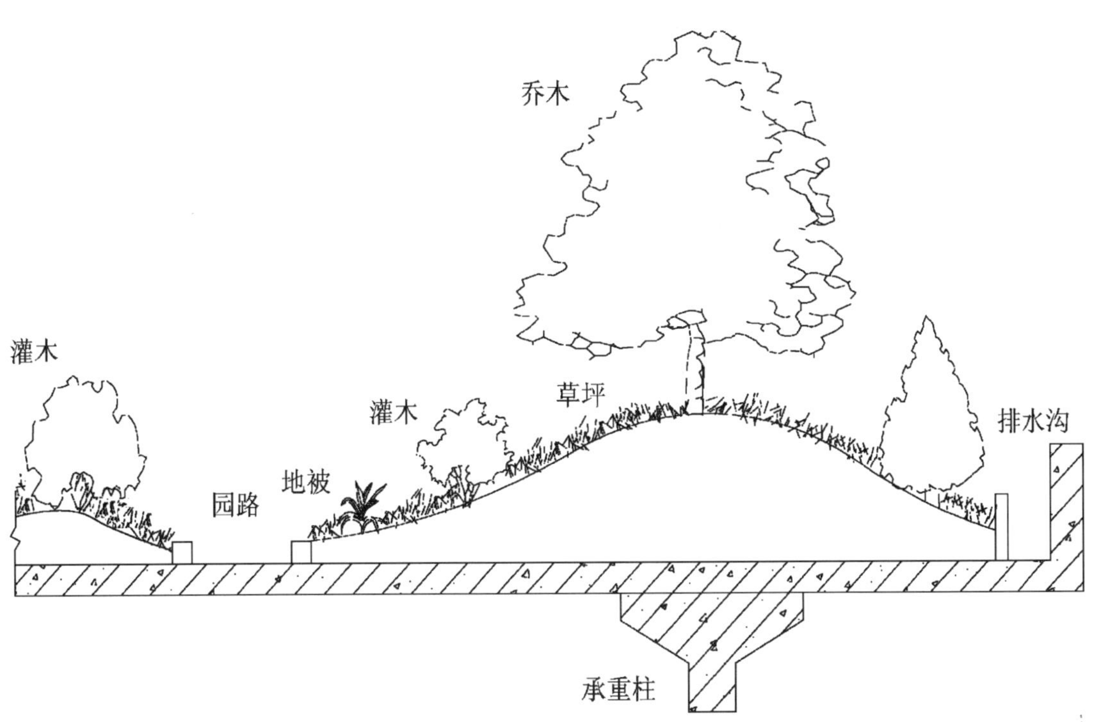

图5-11　屋顶绿化排（蓄）水板铺设方法示意图

施工时应根据排水口设置排水观察井，并定期检查屋顶排水系统的通畅情况。及时清理枯枝落叶，防止排水口堵塞造成壅水倒流。

排（蓄）水层选用的材料应该具备通气、排水、储水和质轻的特点，同时要求骨料间应有较大孔隙，自重较轻。下面介绍几种可选用的材料供参考。

陶料：容重小，约为600kg/m³，颗粒大小均匀，骨料间孔隙度大，通气、吸水性强，使用厚度为200～250mm，北京饭店、北京林业大学，美国加州太平洋电讯大楼屋顶花园均采用该材料。

焦渣：容重较小，约为1000kg/m³，造价低，但要求必须经过筛选，使用厚度在100～200mm左右，吸水性较强，我国南方一些屋顶花园采用焦渣作为排水层材料。

砾石：容重较大，在2000～2500kg/m³，要求必须经过加工成直径在15～20mm，其排水通气较好，但吸水性很差。这种材料只能用在具有很大负荷量的建筑屋顶上。

e.隔根层。一般用合金、橡胶、PE（聚乙烯）和HDPE（高密度聚乙烯）等材料，以防止植物根系穿透防水层。

隔根层铺设在排（蓄）水层下，搭接宽度不小于100cm，并向建筑侧墙面延伸15～20cm。

f.分离滑动层。一般采用玻纤布或无纺布等材料，用于防止隔根层与防水层材料之间产生粘连现象。

柔性防水层表面应设置分离滑动层；刚性防水层或有刚性保护层的柔性防水层表面，分离滑动层可省略不铺。

分离滑动层铺设在隔根层下。搭接缝的有效宽度应达到10～20cm，并向建筑侧墙面延伸15～20cm。

g.屋面防水层。屋顶绿化防水做法应符合DBJ 01-93-2004 要求，达到二级建筑防水标准。

绿化施工前应进行防水检测并及时补漏，必要时做二次防水处理。

宜优先选择耐植物根系穿透的防水材料。

铺设防水材料应向建筑侧墙面延伸，应高于基质表面15cm以上。

②植物选择原则

由于屋顶花园夏季气温高、风大、土层保湿性能差，冬季则保温性差，因而应选择耐干旱、抗寒性强的植物为主。

a.尽量选用乡土植物，适当引种绿化新品种。乡土植物对当地的气候有高度的适应性，在环境相对恶劣的屋顶花园，选用乡土植物有事半功倍之效，同时考虑到屋顶花园的面积一般较小，为将其布置得较为精致，可选用一些观赏价值较高的新品种，以提高屋顶花园的档次。

b.选择阳性、耐瘠薄的浅根性植物。屋顶花园大部分地方为全日照直射，光照强度大，植物应尽量选用阳性植物，但在某些特定的小环境中，如花架下面或靠墙边的地方，日照时间较短，可适当选用一些半阳性的植物种类，以丰富屋顶花园的植物品种，屋顶的种植层较薄，为了防止根系对屋顶建筑结构的侵蚀，不宜选用根系穿透性较强的植物，防止植物根系穿透建筑防水层，并尽量选择浅根系的植物。因施用肥料会影响周围环境的卫生状况，故屋顶花园应尽量种植耐瘠薄的植物种类。

c.选择抗风、不易倒伏、耐积水的植物种类。在屋顶上空风力一般较地面大，特别是雨季或有台风来临时，风雨交加对植物的生存危害甚大，加上屋顶种植层薄，土壤的蓄水性能差，一旦下暴雨，易造成短时积水，故应尽可能选择一些抗风、不易倒伏，同时又能耐短时积水的植物。

d.选择以常绿为主，冬季能露地越冬的植物。营建屋顶花园的目的是增加城市的绿化面积，美化“第五立面”，屋顶花园的植物应尽可能以常绿为主，宜用叶形和株形秀丽的品种，为了使屋顶花园更加绚丽多彩，体现花园的季相变化，还可适当栽植一些色叶树种；另在条件许可的情况下，可布置一些盆栽的时令花卉，使花园四季有花。

e. 选择易移植、耐修剪、耐粗放管理、生长缓慢的植物。考虑到屋顶的特殊地理环境和承重的要求，应注意多选择矮小的、易移植、耐修剪、耐粗放管理、生长缓慢的灌木和草本植物，以利于植物的运输、栽种管理。

f. 选择抗污性强，可耐受、吸收、滞留有害气体或污染物质的植物。屋顶花园生长环境比较差，又常处于城市中心区域，空气污染、噪声污染突出，宜选择抗性强的植物。

③屋顶花园常用的植物种类

a. 华北地区。油松，白皮松，云杉，桧柏，龙柏，鸡爪槭，大叶黄杨，小叶黄杨，珍珠梅，榆叶梅，碧桃，丁香，金银花，黄栌，月季，柿树，金叶女贞，紫叶小檗，樱花，腊梅，迎春。

b. 华南地区。油松，冷杉，广玉兰，白玉兰，羊蹄甲，梅花，苏铁，山茶，桂花，茉莉，米兰，金银花，叶子花，杜鹃，大叶黄杨，小叶黄杨，九里香，木绣球。

c. 华中地区。华山松，龙柏，广玉兰，垂丝海棠，红叶李，鸡爪槭，南天竹，枸骨，大叶黄杨，金丝梅，小叶女贞，木芙蓉，迎春，凤尾兰，白鹃梅，玫瑰，冬青，刚竹。

d. 东北地区。油松，桧柏，青扦，白扦，红瑞木，辽东丁香，连翘，锦带花，榆叶梅，黄刺玫，山桃。

e. 华东地区。广玉兰，马尾松，海棠花，垂丝海棠，红叶李，鸡爪槭，含笑，黄杨，桂花，枸骨，山茶花，金丝梅，女贞，凤尾兰，玫瑰，方竹。

f. 西北地区。油松，白皮松，云杉，桧柏，红叶李，山桃，牡丹，小檗，四照花，柿树。

（3）园林建筑与小品设计

为提供游憩设施和丰富屋顶绿化景观，必要时可根据屋顶荷载和使用要求，适当设置园亭、花架等园林小品。

园林小品设计要与周围环境和建筑物本体风格相协调，适当控制尺度。

材料选择应质轻、牢固、安全，并注意选择好建筑承重位置。

与屋顶楼板的衔接和防水处理，应在建筑结构设计时统一考虑，或单独做防水处理。

（4）园林工程设计

①水池。屋顶绿化原则上不提倡设置水池，必要时应根据屋顶面积和荷载要求，确定水池的大小和水深。水池的荷重可根据水池面积、池壁的重量和高度进行核算。池壁重量可根据使用材料的密度计算。

②景石。优先选择塑石等人工轻质材料。采用天然石材要准确计算其荷重，并应根据建筑层面荷载情况，布置在楼体承重柱、梁之上（图5-12）。

③园路铺装。设计手法应简洁大方，与周围环境相协调，追求自然朴素的艺术效果。材料选择以轻型、生态、环保、防滑材质为宜。

④照明系统。花园式屋顶绿化可根据使用功能和要求，适当设置夜间照明系统。简单式屋顶绿化原则上不设置夜间照明系统。屋顶照明系统应采取特殊的防水、防漏电措施。

图5-12　屋顶花园石景

7. 屋顶花园的养护管理

7.1 浇水

花园式屋顶绿化养护管理除参照DBJ 11/T213—2003执行外，灌溉间隔一般控制在10～15天。

简单式屋顶绿化一般基质较薄，应根据植物种类和季节不同，适当增加灌溉次数。

7.2 施肥

应采取控制水肥的方法或生长抑制技术，防止因植物生长过旺而加大建筑荷载和维护成本。

植物生长较差时，可在植物生长期内按照30～50g/m²的比例，每年施1～2次长效氮磷钾复合肥。

7.3 修剪

根据植物的生长特性，进行定期整形修剪和除草，并及时清理落叶。

7.4 病虫害防治

应采用对环境无污染或污染较小的防治措施，如人工及物理防治、生物防治、环保型农药防治等措施。

7.5 防风防寒

应根据植物抗风性和耐寒性的不同，采取搭风障、支防寒罩和包裹树干等措施进行防风防寒处理。使用材料应具备耐火、坚固、美观的特点。

7.6 灌溉设施

宜选择滴灌、微喷、渗灌等灌溉系统。有条件的情况下，应建立屋顶雨水和空调冷凝水的收集回灌系统。

8. 相关法规

《国家园林城市标准》规定，人均屋顶绿化面积必须达到0.5m²以上。

2003年，建设部完成了（（中国建筑标准》的修订，颁布了与屋顶花园建设相关的设计标准及施工规范，如《全国房屋建筑统一技术措施》、《平屋面建筑构造（二）》、《屋面施工规范》等。

根据《北京市城市环境建设规划》，2004—2008年，北京高层建筑中有30%要进行屋顶绿化，低层建筑中有60%要进行屋顶绿化。同时宣布2005年为屋顶绿化推广年，以简式绿化为主，复式绿化为辅；2006年为屋顶绿化建设年，并开始以花园式屋顶绿化为主。

2006年6月北京地方标准——《屋顶绿化规范》正式出台；7月份起，对屋顶绿化实行每平方米金额50～100元的政府补助。

上海市对屋顶绿化也给予了法律支持，将其纳入《上海市绿化管理条例》，成为我国第一个以立法形式规范屋顶绿化的城市。该《条例》要求，新建住宅和商务楼一律要进行屋顶绿化。

杭州市建委、市绿化委员会和市园林局等单位联合出台了关于发展屋顶绿化的规定（《（杭州市政府办公厅转发市园文局关于大力发展屋顶绿化垂直绿化请示的通知》），要求杭州今后所有新建建筑都必须进行屋顶绿化美化，绿化面积将计入小区绿化率。

成都市相关部门规定屋顶绿化可折算地面绿化面积的20%；同时，《成都市建设项目公共空间规划管理暂行办法》规定，2005年起成都市内新开工的楼房，12层以下、40m高度以下的高层和多层非坡屋顶建筑必须实施屋顶绿化。

案例分析：郑东新区CBD库顶园林景观规划设计

1 区位分析

郑州市地处中原腹地，“雄峙中枢，控御险要”，为全国重要的交通、通讯枢纽，是新亚欧大陆桥上的重要城市，是国家开放城市和历史文化名城。郑州市的中央商务区为绿地结构六环中的一环，并且占据六心中的一心。目前已经建成，景观风格上体现出时尚现代，开敞大气的新城面貌（图5-13～5-22）。

2 总体设计

2.1 设计依据

（1）郑东新区CBD库顶园林景观方案设计邀标书

（2）国家行业标准《汽车库建筑设计规范》（JGJ100—98）

（3）行业标准《公园设计规范》（CJJ48—92）

（4）地方标准《北京市屋顶绿化规范》及《上海市屋顶绿化技术规范》

（5）《郑东新区总体发展概念规划》

（6）《郑州市郑东新区城市绿地系统规划》

（7）《郑东新区植物景观设计导则》

2.2 设计原则

（1）特色性原则：在服从CBD总体绿化景观风格的基础上，彰显特色的原则。

（2）人本性原则：充分考虑人行、车行，满足停车人群需求的原则。

（3）立体性原则：通过与车库地上建筑的结合，创造出多维立体空间的原则。

（4）生态性原则：以生态理论为指导，与周边绿地、环境充分融合的原则。

2.3 设计目标

（1）功能目标：合理组织场地交通，突出场地景观标识。

（2）形象目标：营造生态共生绿地，体现东区绿化特色。

2.4 设计特色

不同的色彩元素应用在标识系统，景观小品，附属设施和植物设计中，创造易于识别的景观序列。

（1）1号停车场：湖蓝——蓝丁香、蓝绒毛草。

（2）2号停车场：群青——木槿、鸢尾。

（3）3号停车场：浅绿——馒头柳、小叶女贞。

（4）4号停车场：草绿——金银木、绿梅、佛甲草。

（5）5号停车场：中黄——黄刺玫（重瓣）、大花素馨。

（6）6号停车场：橘黄——棣棠、金丝桃、金娃娃萱草。

图5-13 1号库顶绿化平面图和效果图

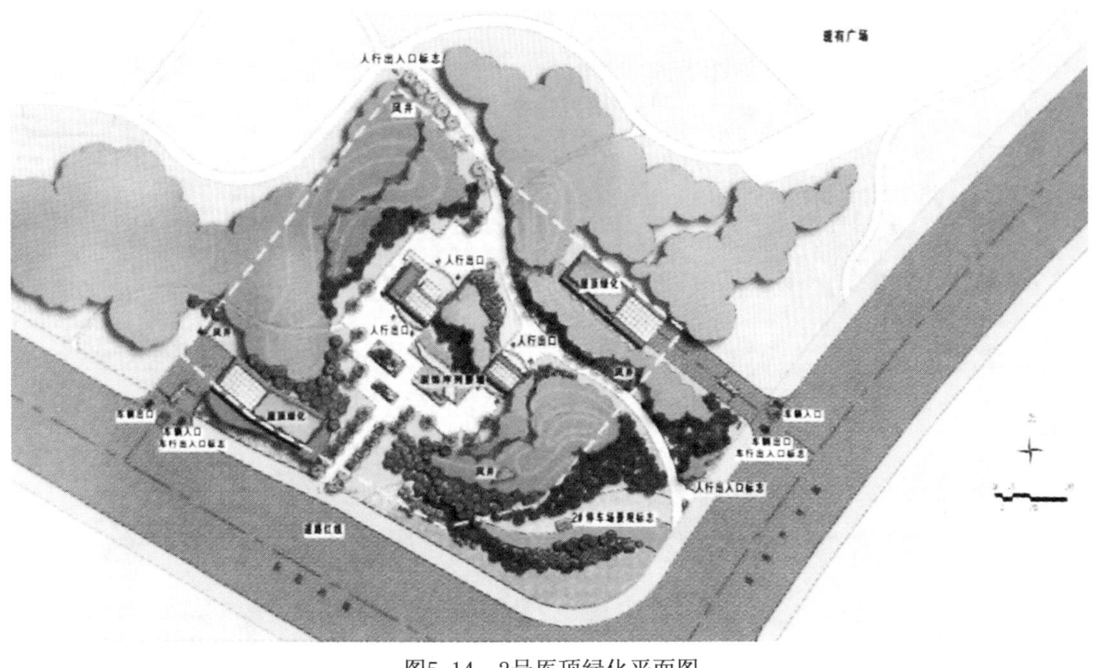

图5-14　2号库顶绿化平面图

图5-15　2号库顶绿化效果图

图5-16　3号库顶景观设计平面图1

图5-17　3号库顶景观设计效果图2

图5-18　4号库顶景观设计平面及效果图

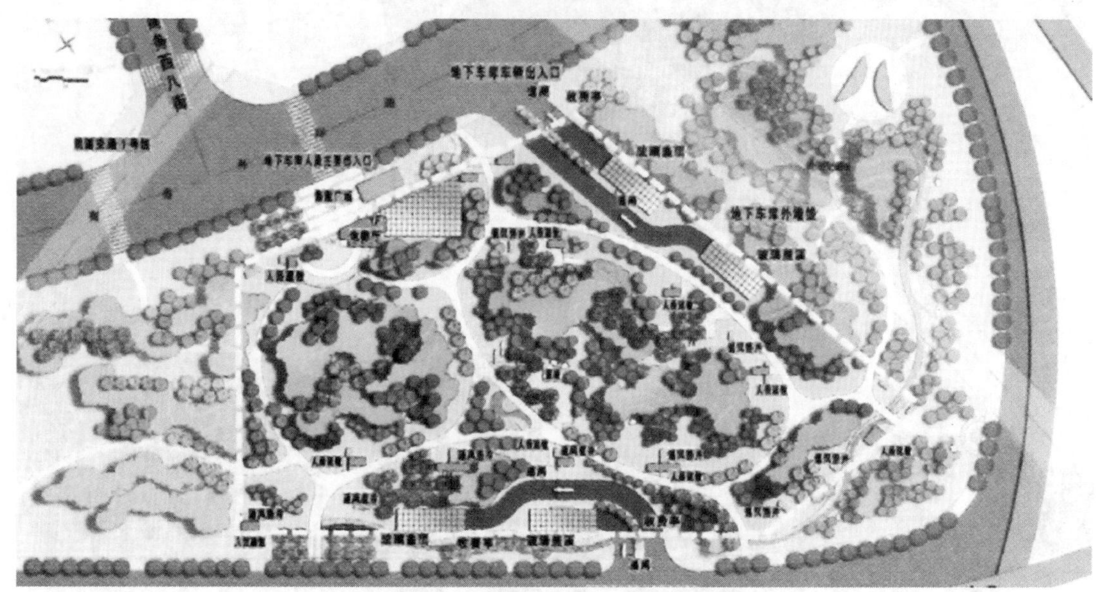

图5-19　5号库顶景观设计平面图1

图5-20　5号库顶景观设计效果图2

图5-21　6号库顶景观设计平面图1

图5-22　6号库顶景观设计效果图2

3 具体设计

3.1 1号库顶景观设计

1号停车场位于商务外环路与众意路交叉口西北角，地上景观规划面积24445m²，地上建筑、构筑物占地面积1357m²，车库覆土厚度为2.0m。1号停车场地上规划有3个车行出入口和6个人行出入口。

通过自然式游园路与规则式小型活动空间结合的设计手法，使地下车库6个人行出入口之间有机联系在一起，并能使人用最短的时间、最近的距离到达市政道路。同时，考虑到绿地游憩、观赏功能以及与周边环境的融合。

3.2 2号库顶景观设计

2号库顶景观规划面积12115m²，地上建筑、构筑物占地面积667m²，车库覆土厚度为2.0m。2号停车场地上规划有2个车行出入口和2个人行出入口。2号停车场地上人行出入口位于绿地中心，且相距比较近。设计通过人行出入口之间场地的营造，与外围绿地的相互渗透，并与市政道路合理连接，从而创造出丰富的、多层次的绿化景观。主题植物是馒头柳、小叶女贞、广玉兰、西府海棠、石楠球、丛生福禄考等，体现冬春景观。

3.3 3号库顶景观设计

3号库顶景观规划面积16315m²，地上建筑、构筑物占地面积656m²，车库覆土厚度为2.5m。3号停车场地上规划有3个车行出入口和8个人行出入口。设计本着“大融入、小突出”的原则，将设计分为内部小空间和外部大环境两个部分，力求做到“大环境掩映小空间，小空间点亮大环境”。内部小空间即各人行出入口为各具特色的景观小空间，小空间通过挡土墙来限定围合，各内部空间通过景石、竹丛、树影等特色景观元素形成自己特有的标识性，外部大环境即小空间以外的部分，设计通过自然地形的塑造、自然植物群落的配置，使外部环境与整个郑州之林的自然气息一脉相承。

3.4 4号库顶景观设计

4号库顶景观规划面积17162m²，地上建筑、构筑物占地面积685m²，车库覆土厚度为2.0m。5号停车场地上规划有3个车行出入口和9个人行出入口。4号停车场绿地为内环与外环绿地之间的过渡性绿地，设计采用与内环与外环绿地设计手法相呼应的自然式手法，以丰富的植物层次使内环与外环绿地有机融合，同时流畅便捷的步行道有利于有效疏导人流，人行出入口局部小空间满足临时休憩的需要。主题植物是金银木、绿梅、佛甲草、南天竹、地被石竹、丰花月季等。

3.5 5号库顶景观设计

5号库顶景观规划面积45575m²，地上建筑、构筑物占地面积1436m²，车库覆土厚度为2.0m。5号停车场地上规划有4个车行出入口和13个人行出入口。5号停车场绿地整体设计以植物群落种植为主，结合地形的塑造，创造简洁大气的园林景观空间，营造大生态大绿量的绿化效果。休憩空间的设置主要结合人行出入口的位置进行统一考虑，满足人们的休憩需求。道路设计把人行入口进行有机的联系起来，形成交通便捷的道路系统。为了增强停车场人行入口的识别性，入口周围空间适当放大，形成开阔通透的景观空间。

3.6 6号库顶景观设计

6号库顶景观规划面积13522m^2，地上建筑、构筑物占地面积1205m^2，车库覆土厚度为2.0m。6号停车场地上规划有3个车行出入口和7个人行出入口。6号库顶绿化设计注重与周围环境的协调，以植物群落种植为主体，结合外界空间和基地原有绿地系统，因地制宜地创造多样化立体植物群落。在绿地中结合人行出口设计必要的休息场地空间，场地空间通过地形和乔木进行围合，营造层次丰富的景观空间。主题植物是棣棠、金娃娃萱草、樱花、花叶玉簪等。

计 划 单

<table>
<tr><td>学习领域</td><td colspan="4">园林规划设计</td></tr>
<tr><td>学习情境5</td><td colspan="2">屋顶花园规划设计</td><td>学时</td><td>2</td></tr>
<tr><td>计划方式</td><td colspan="4">小组成员团队合作共同制订工作计划</td></tr>
<tr><td>序号</td><td colspan="2">实施步骤</td><td colspan="2">使用资源</td></tr>
<tr><td>1</td><td colspan="2"></td><td colspan="2"></td></tr>
<tr><td>2</td><td colspan="2"></td><td colspan="2"></td></tr>
<tr><td>3</td><td colspan="2"></td><td colspan="2"></td></tr>
<tr><td>4</td><td colspan="2"></td><td colspan="2"></td></tr>
<tr><td>5</td><td colspan="2"></td><td colspan="2"></td></tr>
<tr><td>6</td><td colspan="2"></td><td colspan="2"></td></tr>
<tr><td>7</td><td colspan="2"></td><td colspan="2"></td></tr>
<tr><td>8</td><td colspan="2"></td><td colspan="2"></td></tr>
<tr><td>9</td><td colspan="2"></td><td colspan="2"></td></tr>
<tr><td>10</td><td colspan="2"></td><td colspan="2"></td></tr>
<tr><td>制订计划说明</td><td colspan="4"></td></tr>
<tr><td rowspan="3">计划评价</td><td>班级：</td><td>第　　组</td><td colspan="2">组长签字：</td></tr>
<tr><td colspan="2">教师签字：</td><td colspan="2">日期：</td></tr>
<tr><td colspan="4">评语：</td></tr>
</table>

材料工具清单

学习领域	园林规划设计						
学习情境5	屋顶花园规划设计				学时		2
项目	序号	名称	作用	数量	型号	使用前	使用后
所用仪器设备	1	电脑					
	2	打印机					
	3	扫描仪					
	4						
	5						
	6						
所用材料	1	图纸					
	2	铅笔					
	3	彩铅					
	4	橡皮					
	5	透明胶					
	6						
	7						
所用工具	1	小刀					
	2	刀片					
	3	图板					
	4	丁字尺					
	5	比例尺					
	6	三角尺					
	7	针管笔					
	8	马克笔					
	9	圆模板					
	10						
班级		第　　组		组长签字： 教师签字：			

作 业 单

<table>
<tr><td>学习领域</td><td colspan="4">园林规划设计</td></tr>
<tr><td>学习情境5</td><td colspan="2">屋顶花园规划设计</td><td>学时</td><td>12</td></tr>
<tr><td>作业方式</td><td colspan="4">上交一套设计方案（手绘或计算机辅助设计图纸和设计说明）</td></tr>
<tr><td>1</td><td colspan="4">城市屋顶花园景观设计。</td></tr>
<tr><td colspan="5">一、操作步骤
1. 对屋顶花园绿化优秀作品进行分析、学习
2. 进行实训操作动员和设计的准备工作
3. 对初步设计方案进行分析、指导
4. 修改、完善设计方案，并形成相对完整的设计方案。
二、操作方式
1. 采用室外现场参观等形式，对屋顶花园景观进行分析、点评
2. 对屋顶花园景观设计优秀作品分析讲评
3. 拟定具体的屋顶花园绿化建设项目进行方案设计
三、操作要求
所有图纸的图面要求表现力强，线条流畅、构图合理、清洁美观，图例、文字标注、图幅等符合制图规范。设计图纸包括：
1. 屋顶花园设计总平面图。表现各种造园要素（如山石水体、园林建筑与小品、园林植物等）。要求功能分区布局合理，植物配置季相鲜明。
2. 透视或鸟瞰图。手绘屋顶花园实景，表现绿地中各个景点、各种设施及地貌等。要求色彩丰富、比例适当、形象逼真。
3. 园林植物种植设计图。表示设计植物的种类、数量、规格、种植位置及类型和要求的平面图样。要求图例正确、比例合理、表现准确。
4. 局部景观表现图。用手绘或者计算机辅助制图的方法表现设计中有特色的景观。要求特点突出，形象生动。
5. 设计说明语言流畅、言简意赅，能准确地对图纸补充说明，体现设计意图。</td></tr>
<tr><td rowspan="4">计划评价</td><td colspan="2">班级：</td><td>第　　组</td><td>组长签字：</td></tr>
<tr><td colspan="2">学号：</td><td colspan="2">姓名：</td></tr>
<tr><td>教师签字：</td><td colspan="2">教师评分：</td><td>日期：</td></tr>
<tr><td colspan="4">评语：</td></tr>
</table>

决 策 单

<table>
<tr><td>学习领域</td><td colspan="7">园林规划设计</td></tr>
<tr><td>学习情境5</td><td colspan="5">屋顶花园规划设计</td><td>学时</td><td>6</td></tr>
<tr><td colspan="8">方案讨论</td></tr>
<tr><td rowspan="11">方案对比</td><td>组号</td><td>构思</td><td>布局</td><td>线条</td><td>色彩</td><td>可行性</td><td>综合评价</td></tr>
<tr><td>1</td><td></td><td></td><td></td><td></td><td></td><td></td></tr>
<tr><td>2</td><td></td><td></td><td></td><td></td><td></td><td></td></tr>
<tr><td>3</td><td></td><td></td><td></td><td></td><td></td><td></td></tr>
<tr><td>4</td><td></td><td></td><td></td><td></td><td></td><td></td></tr>
<tr><td>5</td><td></td><td></td><td></td><td></td><td></td><td></td></tr>
<tr><td>6</td><td></td><td></td><td></td><td></td><td></td><td></td></tr>
<tr><td>7</td><td></td><td></td><td></td><td></td><td></td><td></td></tr>
<tr><td>8</td><td></td><td></td><td></td><td></td><td></td><td></td></tr>
<tr><td>9</td><td></td><td></td><td></td><td></td><td></td><td></td></tr>
<tr><td>10</td><td></td><td></td><td></td><td></td><td></td><td></td></tr>
<tr><td>方案评价</td><td colspan="4">学生互评：</td><td colspan="3">教师评价：</td></tr>
<tr><td colspan="2">班级：</td><td colspan="2">组长签字：</td><td colspan="2">教师签字：</td><td colspan="2">日期：</td></tr>
</table>

教学反馈单

<table>
<tr><td>学习领域</td><td colspan="4">园林规划设计</td></tr>
<tr><td>学习情境5</td><td>屋顶花园规划设计</td><td>学时</td><td colspan="2">2</td></tr>
<tr><td>序号</td><td>调查内容</td><td>是</td><td>否</td><td>理由陈述</td></tr>
<tr><td>1</td><td>你是否明确本学习情境的学习目标？</td><td></td><td></td><td></td></tr>
<tr><td>2</td><td>你是否完成本学习情境的学习任务？</td><td></td><td></td><td></td></tr>
<tr><td>3</td><td>你是否达到了本学习情境的要求？</td><td></td><td></td><td></td></tr>
<tr><td>4</td><td>资讯的问题你都能回答吗？</td><td></td><td></td><td></td></tr>
<tr><td>5</td><td>你了解屋顶花园的特点吗？</td><td></td><td></td><td></td></tr>
<tr><td>6</td><td>你能否默画出屋顶花园种植区的构造图？</td><td></td><td></td><td></td></tr>
<tr><td>7</td><td>你能否记住20种常用的屋顶花园绿化植物？</td><td></td><td></td><td></td></tr>
<tr><td>8</td><td>你有无在课外继续了解屋顶花园的荷载与防水？</td><td></td><td></td><td></td></tr>
<tr><td>9</td><td>你能进行城市屋顶花园规划设计吗？</td><td></td><td></td><td></td></tr>
<tr><td>10</td><td>你是否喜欢这种上课方式？</td><td></td><td></td><td></td></tr>
<tr><td>11</td><td>通过几天的工作和学习，你对自己的表现是否满意？</td><td></td><td></td><td></td></tr>
<tr><td>12</td><td>你对本小组成员之间的合作是否满意？</td><td></td><td></td><td></td></tr>
<tr><td>13</td><td>你认为本学习情境对你将来的学习和工作有帮助吗？</td><td></td><td></td><td></td></tr>
<tr><td>14</td><td>你认为本学习情境还应学习哪些方面的内容？</td><td></td><td></td><td></td></tr>
<tr><td>15</td><td>本学习情境学习后，你还有哪些问题不明白？哪些问题需要解决？</td><td></td><td></td><td></td></tr>
<tr><td colspan="5">你的意见对改进教学非常重要，请写出你的建议和意见：</td></tr>
<tr><td colspan="2">被调查人姓名：</td><td colspan="3">调查时间：</td></tr>
</table>

学习情境6

公园绿地规划设计

任务单

【学习领域】

园林规划设计

【学习情境6】

公园绿地规划设计

【学时】

40

【布置任务】

学生在接到设计项目后，先与建设方沟通，了解建设要求和目的、建设内容、投资金额、设计期限等；此后要进行现场踏勘及资料的搜集，对项目所在的气候、地形地貌、土壤、水质、植被、建筑物和构筑物、交通状况、周围环境及历史、人文资料和城市规划的有关资料进行搜集和深入研究；在此基础上做出总体方案初步设计，经推敲后确定总平面图，并绘制功能分区规划图、地形设计图、植物种植设计图、建筑小品平面图、立面图、剖面图、局部效果图或总体鸟瞰图等图纸；再完成设计说明的撰写；最后向建设方汇报方案。

【学时安排】

资讯8学时；计划4学时；作业16学时；检查4学时；评价6学时。

【参考资料】

1. 李德华主编. 城市规划原理. 中国建筑工业出版社， 2001
2. 鲁敏. 李英杰. 园林景观设计. 北京：科学出版社，2005
3. 卢新海. 园林规划设计. 北京：化学工业出版社，2005
4. 胡先祥. 园林规划设计. 北京：机械工业出版社，2007

资 讯 单

【学习领域】

园林规划设计

【学习情境6】

公园绿地规划设计

【学时】

4

【资讯方式】

在专业图书资料、期刊、互联网及信息单上查询问题答案，或向任课教师咨询。

【资讯问题】

1．公园的绿地分类有哪些？

2．公园绿地有哪些功能以及设计原则？

3．综合公园规划时对用地模块以及服务半径有哪些要求？

4．综合公园规划的要点是什么？

5．简述其中一个专类园的规划要点。

6．植物园设计的原则有哪些？

7．公园设施绿化有哪几类？

8．公园植物配置应遵循哪些原则？

9．公园树种选择时应注意哪些？

信 息 单

【学习领域】
园林规划设计
【学习情境6】
公园绿地规划
【学时】
4
【信息内容】

1. 公园绿地规划设计的基本知识

1.1 公园以及公园绿地的概念

公园，是指可以供公众游览、观赏、休憩、开展科学文化及锻炼身体等活动，有较完善的设施和良好的绿化环境的公共绿地。公园还具有改善城市生态、防火、避难等作用。而现代的公园以其环境幽深和清凉避暑而受到人们的喜爱，也成为情侣、老人、孩子们的共同乐园。

公园绿地是城市中指向公众开放的、经过专业规划设计，具有一定的活动设施和园林艺术布局，以供市民休憩、游览和娱乐为主要功能特色的绿化用地。是城市建设用地、城市绿地系统和城市市政公用设施的重要组成部分，是展示城市整体环境水平和居民生活质量的一项重要指标。主要包括市、区级综合公园、花园、动植物园、儿童公园、体育公园等等。其规模可大可小。公园绿地，并非公园和绿地的叠加，而是对具有公园作用的所有绿地的统称，即公园性质的绿地。

改革开放以后，随着经济发展，我国城市面貌日新月异，城市环境建设和城市绿地公园建设成为改善城市风貌和提高城市生活居住休憩质量的主要措施。公园绿地起着保护环境、美化城市、改善居民生活条件的作用，具有突出的生态功能、社会功能和经济功能。

1.2 公园绿地的功能

公园绿化是园林绿地系统中的重要组成部分，是改善城市生态环境的重要环节。公园绿地可有效吸收二氧化碳等气体，缓解城市热岛效应。公园绿地的形成，让超负荷压力下生存的上班族有了放松的清洁场所，容易舒缓身心，缓解疲劳。

（1）园林景观功能。它是反映城市园林绿化水平的重要窗口，在城市公共绿地中常居首要地位。公园绿地可缓和互相冲突的土地使用分区，并可作为公共设施保留地。保有的绿地空间是达到城市乡村化的实际手法，可软化城市外观轮廓、美化城市市容。

（2）创造了良好的休憩环境。公园供群众游览、休息、观赏和开展娱乐、社交、体育活动的优美场所。优美的环境，可以使游人振奋精神，消除疲劳，忘却烦忧，促进身心健康。

（3）满足娱乐功能。公园的游乐、体育各种设施，是居民联欢、交往的媒介，特别是青少年和老人锻炼身体的好地方，同时可以通过活动增进市民间的友谊。

（4）改善环境。公园绿地减少了人工铺面，加强自然及景观资源的保育，可促使都市水文、气象等生态系统达到平衡的状态。

（5）创造文化价值。公园的科普、文化教育设施和各类动植物、文化古迹等，可以使人们在休憩的同时增长文化知识。

由此可见，公园绿地在未来的开发中将越来越重要，随着科学技术的发展，人类对于生活有着新的认识，空气的清新是对健康的巨大保障，公园绿地的规模极大地影响人们的生活，健康，乃至心情，而科学技术的飞速发展促使人们有能力在保障物质生活的同时追求更好的生活。开发公园绿地将园林艺术、文化艺术相结合，有利于人们生活的进步，让人们的生活更加健康和谐。

1.3 公园绿地的分类

对于公园绿地的进一步分类，目的是针对不同类型的公园绿地提出不同的规划、设计、建设及管理要求。按公园绿地的主要功能和内容，将其分为综合性公园、社区公园、专类公园、带状公园和街旁绿地5大类11小类。

（1）综合性公园：包括多种文化娱乐设施、儿童游戏场和安静休憩区，设有游戏性体育设施。全园面积不宜小于10hm²。

①全市性公园：市级公园面积10～100 hm²。

②区域性公园：区级公园面积在5～10hm²，服务半径为1000～1500m。

（2）社区公园：社区公园结合国家现行标准《城市居住区规范设计规范》下设居住区公园和小区游园两个小类。

①居住区公园。

②小区游园。

（3）专类公园：含有儿童公园、动物园、植物园、历史名园、风景名胜公园、游乐公园、社区性公园，其他专类公园；

（4）带状公园：常常结合城市道路、水系、城墙而建设，是绿地系统中颇具特色的构成要素，承担着城市生态廊道的职能。一般呈狭长形，以绿化为主，辅以简单的设施，对缓解交通造成的环境压力、改善城市面貌、改善生态环境具有显著作用。

（5）街旁绿地：散布于城市中的中小型开放式绿地，虽然面积较小，但具备游憩和美化城市景观的功能，是城市中量大面广的一种公园绿地类型。

1.4 公园绿地定额

（1）公园绿地率：城市市级、区级和居住区级公园面积占总面积的比例。

（2）人均公园绿地面积：指市民平均可享受的公园面积，即每人平均可拥有的公园面积（m^2/人）。

（3）绿化覆盖率：在城市一定范围内绿化覆盖面积占区域总面积的百分比。

1.5 公园绿地设计的原则要求

人们利用闲暇时间去公园绿地活动已成为城市生活的一部分。公园环境优美，有郁郁葱葱的树丛，赏心悦目的花果，如茵如毡的草地，还有形形色色的小品设施。城市公园提供了大面积的绿地，配合游乐、体育、文化教育、科普等各种设施，满足人们日常生活需要。针对城市居民对室外活动的需求，在进行公园绿地规划设计时需要满足以下几个设计原则。

（1）满足功能性。为各种不同年龄的人们创造适当的娱乐条件和优美的休息环境。

（2）满足艺术性。充分调查了解当地人民的生活习惯、爱好及地方特点，努力表现地方特点和时代风格。

（3）满足系统性。在城市总体规划或城市绿地系统规划的指导下，使公园在全市分布均衡，并与各区域市政建设设施融为一体，既显出各自的特色、富有变化，又互不重复。

（4）符合因地制宜。充分利用现状以及自然地形，有机组合成统一体，便于分期建设和日常管理。

（5）满足经济效益。正确处理近期规划与远期规划的关系，以及社会效益、环境效益与经济效益的关系。

2. 公园绿地设计

2.1 综合公园设计

综合公园是在市、区范围内为城市居民提供良好游憩休息、文化娱乐活动的综合性、多功能、自然化的大型绿地，其用地规模一般比较大，园内设施活动丰富完备，适合各阶层的城市居民进行一日之内的游赏活动。

按照服务对象和管理体系的不同，可分为全市性公园和区域性公园。全市性公园服务半径约为2～3km，步行约30～50分钟可达，是为全市居民服务的市级公共绿地。区域性公园服务半径约为1～1.5km，步行约15～25分钟可达，属全市性公共绿地的一部分。综合公园一般包括较多的活动内容和设施，故用地需要有较大的面积，一般不少于10hm^2。在假日和节日里，游人的容纳量约为服务范围居民人数的15%～20%，每个游人在公园中的活动面积为10～50m^2/人。

从整体规划看，由于综合公园在城市绿地系统中的重要性，其规划要综合体现实用性、生态型、艺术性、经济性。公园规划布局的形式分三种：规则式、自然式和混合式。规划布局应结合城市地形、地貌、河湖水系、道路系统及生活居住用地等综合考虑，选择植被丰富及古树名木的地段，满足保护环境、文化娱乐、休息游览、园林艺术等各方面的要求。

功能分区的设计方法可以有效、快速地从空间的角度安排公园的规划内容，综合公园面积较大，通过不同的功能分区可以有效地利用资源，一般包括安静游览区、文化娱乐区、儿童活动区、园务管理区、服务设施等。在做到满足功能，合理分区的基础上考虑景色分区，往往规划多种小景区，左右逢源，既有统一基调的景色，又各具特色的景观，使得动静皆宜，相得益彰。此外，公园主要出入口的设计，一方面要满足功能上游人进、出公园在此交汇、等候的需要，同时要求公园主要出入口美丽的外观，成为城市园林绿化的橱窗。

绿化设计上，公园是城市中的绿洲，植物分布于公园的各个部分，占地面积最多，是构成公园绿地的基础材料。重要景观节点如公园入口、中心广场周围等，大多以观赏价值高的乔木或灌木为主景。要充分发挥植物的自然特性，以其形、色、香作为造景的素材，以孤植、丛植、列植、群植、林植作为配置的基本手法，从平面和竖向上组合成丰富多彩的人工植物群落景观。结合常绿阔叶、针叶、乔灌木和草本植物，以及丰富的落叶植物，创造优美的植物季相景观变化。针对不同的功能分区，选择不同树种。体育活动区宜选择单一、纯色的树种，儿童活动区树种应比较丰富，选择高大、冠幅较大的落叶乔木庇荫，安静休息区应采用密林的方式绿化，密林中布置散步小路、林间空地，设施休息设施，还可设疏林草地、空旷草坪等。植物配置要强化景观的层次感和空间感，处理好统一与变化的关系、空间开敞与郁闭的关系、功能与景观的关系。

案例分析：某市水上公园（图6-1～6-3）

该公园位于市区东南角，北临西山路，西接永庆街，区域内汇昌河贯穿东西。该水上公园采用自然式布局，由纪念园景点、主题园景点、城市公园景点、南戏纪念园、南戏主题公园和城市公园六个部分组成。水域面积占全园面积的二分之一。沿湖四周栽种植物，河水清澈，景色秀美，设置观景平台，可以很好的眺望对岸景观，设置廊桥、水舞台等亲水性的建筑。公园设计独特，寓知识于休闲之中，寓文化于娱乐之中，专门设置文化艺术长廊以丰富地方特色艺术。园林建筑以南戏纪念园为主，包括中国南戏博物馆、南戏研究中心、纪念馆等，布置具有特色的园林小品如雕塑园、浮雕墙。道路采用三级规划，主园路为行车道，次园路以及游览小径，此外为行车方便还设置紧急车行通道。此外，结合园内水域景点，设置水上游线，增加景观观赏点。

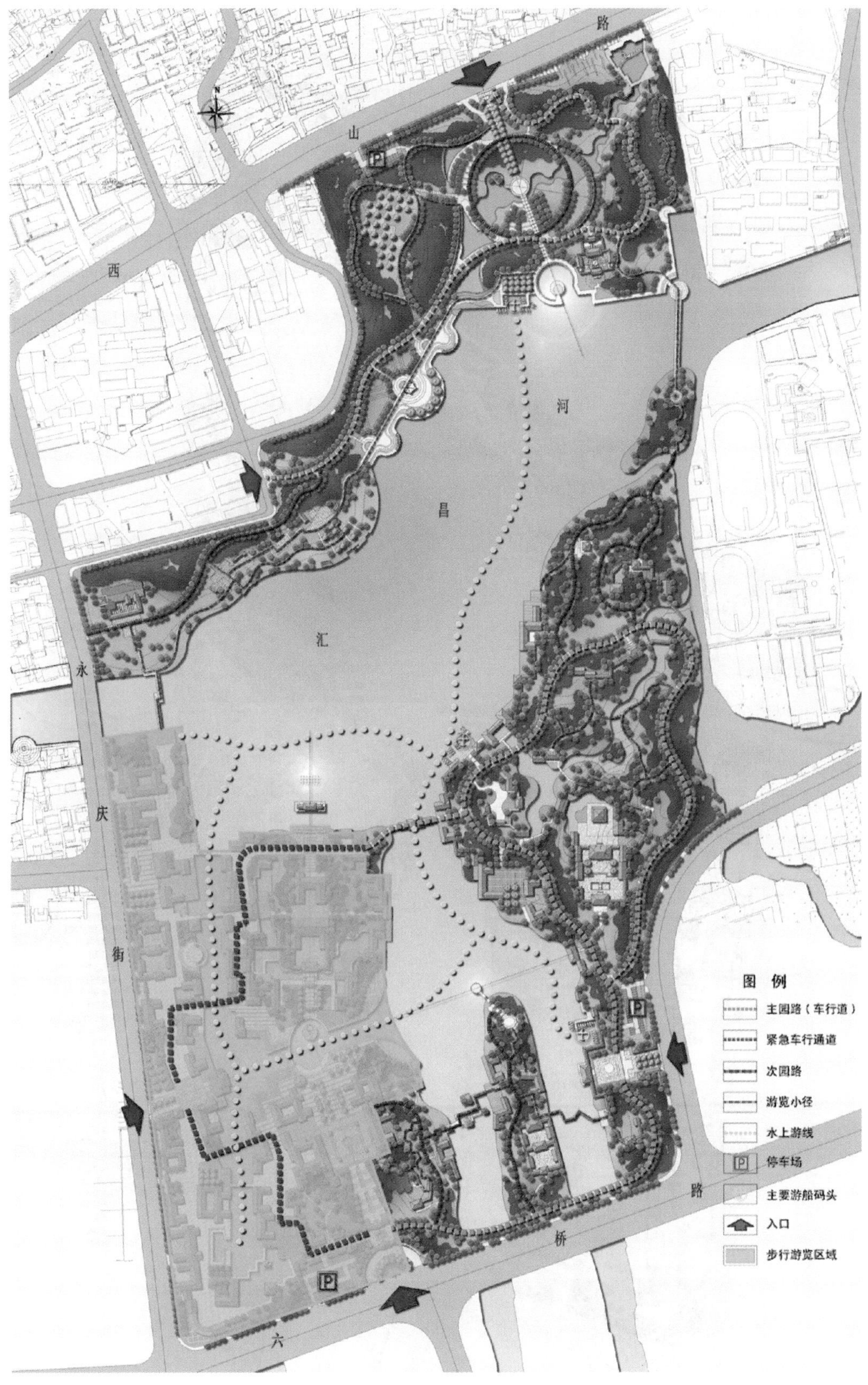

图6-1　某水上公园景观线路图

图6-2　某水上公园景观平面图

图6-3　某水上公园局部景观效果图

2.2 专类公园绿地设计

2.2.1 儿童公园设计

儿童公园是城市中儿童游戏、娱乐、开展体育活动，并从中得到文化科学普及知识的专类公园。其主要任务是使儿童在活动中锻炼身体，增长知识，热爱自然，热爱科学，培养优良的社会风尚。一般可分为综合性儿童公园、特色性儿童公园和小型儿童乐园。

（1）位置规划：应选择环境优美、日照、通风、排水良好的位置，并根据不同年龄的儿童划分用地。应有良好的环境，绿化用地占50%以上，绿化覆盖率占总面积的70%以上。

（2）规划要点：

①儿童公园内可根据年龄或不同游戏方式锻炼对整体规划进行功能分区，一般可分学龄前儿童区、学龄儿童区、体育活动区、娱乐和少年科学活动区和办公管理区等。

②儿童区的建筑、设施宜选择造型新颖、色彩鲜艳的作品，以引起儿童对活动内容的兴趣，同时也符合儿童天真浪漫、好动活泼的特征。

③道路网应明确简单，便于儿童辨别方向，寻找活动场地，路面宜平整，避免儿童摔跤。

④应考虑成人休息场所，有条件的公园，在儿童区内需设小卖部、盥洗区，厕所等服务设施。

（3）绿化设计：儿童区活动场地周围应考虑遮阴树林、密林，并能提供缓坡林地、小溪流、宽阔的草坪，以便开展集体活动及夏季的遮阴。植物种植，应选择无毒、无刺、无异味的树木、花草；儿童区不宜用铁丝网或其他具伤害性物品，以保证活动区内儿童的安全。

2.2.2 植物园设计

（1）位置规划：选择自然条件适宜植物生长的地方。侧重科学研究的植物园，可选择交通方便的远郊区，侧重科学普及的植物园最好选在交通方便的近郊区。如有特殊研究需要的，则必须选择相应的特殊地点。

（2）用地模块：用地规模主要由植物园的性质、展览区的数量、搜集品种的多少、经济水平以及园址所在位置等因素综合考虑。一般综合性植物园的面积在50～100hm^2范围内。如上海植物园规划面积为66.7hm^2。

（3）规划要点：

①功能分区：一般分为三大类：植物科普展览区、科研试验区以及职工生活区。其中，科普展览区还可利用植物的分类分成水生植物区、岩石植物区、树木区、温室区等等。

②植物园的建筑因功能不同，可分为展览、科学研究、服务等几种类型。展览性的建筑可布置在出入口附近，主干道的轴线上。科研用房应与苗圃、试验地靠近。服务性建筑，有办公室、招待所、茶室等。

③道路系统应与公园道路布局相同。

④排水工程为了保证园内植物生长健壮，在规划时就应做好，保证旱可浇，涝可排。

（4）绿化设计：植物园的绿化设计，应满足其性质和功能需要的前提下，讲究园林艺术构图，使全园都有绿色覆盖，形成比较稳定的植物群落。在形式上，以自然式为主，创造各种密林、疏林、树群、孤植树、草地、花丛等景观。注意乔、灌、草相结合的立体、混交效果。

案例分析：宁波植物园（图6–4～6–13）

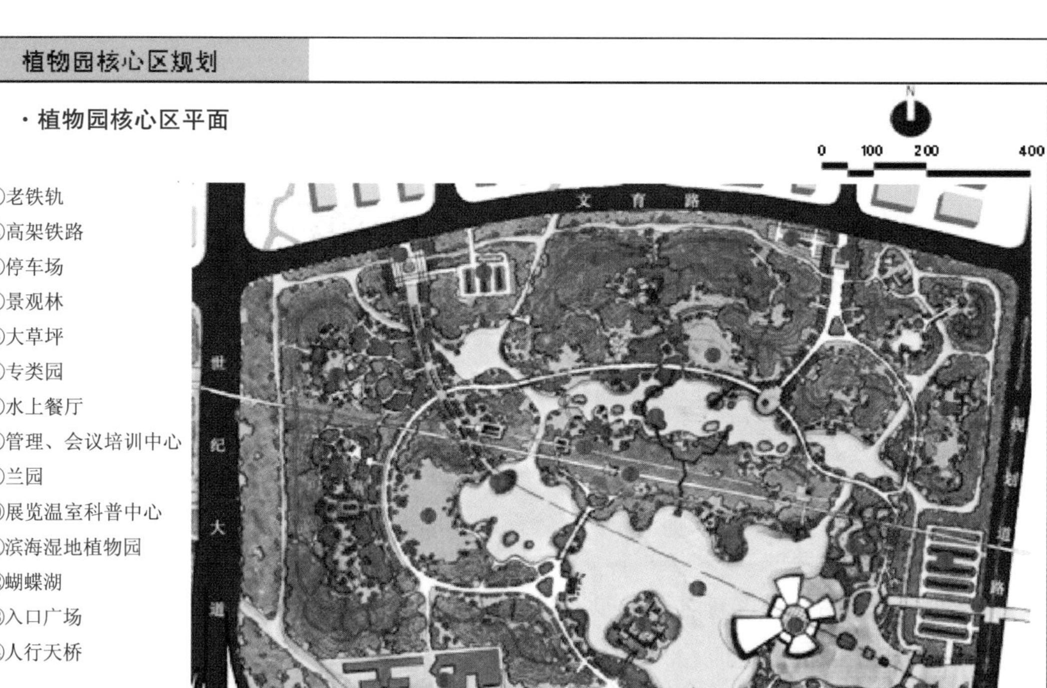

图6-4　宁波植物园景点分析图

1．项目背景

宁波植物园，位于镇海新城南、北两片区的结合部，毗邻宁波外环线，绕城高速内，距离宁波市中心约12km，交通便捷。其东至东外环，南至北外环，西至329国道，北至文育东路，总面积386.9hm^2。

宁波植物园的规划与建立，既展示宁波城市规划目标蓝图的宏伟，也充分体现宁波在城市发展中坚持以人为本的理念和营造良好城市生态环境的决心。

反映了广大市民和科技工作者的心声，填补了宁波城市植物园建设的空缺，提升了宁波的城市形象；加强绿化防护，促进镇海新城开发建设；保护生物多样性、开展植物学科研；拓展城市绿地空间，为市民提供科普、休闲场地等方面将发挥巨大的功能作用，其建设将极大地提高宁波市城市综合软实力，对其经济、社会、环境资源等效益产生积极的影响。

2．现状分析

（1）交通：位于镇海新城南、北两片区的结合部，毗邻宁波外环线，绕城高速内，交通方便。

（2）范围：总面积386.9hm^2，属于比较大型的植物园。

（3）水系：两条宽30m的河流由北向南穿过，现状的河道肌理像树叶的叶脉，通过对河道的保留，对其选择性拓宽，还河道以自然的线型。

（4）植被：多数以植物分类系统（科、属）为框架，或按生态类型（旱生、水生、阴生、高山、岩生、沙生）、生长类型（乔木、灌木、地被、藤本等），用途（观叶、观果、药用、香料、保健、有毒等）等建园配置植物。

3．设计依据

《公园设计规范》（CJJ48-92）；甲方提供的电子文件、现场踏勘。

4．设计原则

（1）以人为本的原则：从物质和精神上满足社会各类群体的需求，满足植物园作为专类园的科研价值和经济价值。

（2）亲水原则：场地内有两条河道贯穿，通过对河道驳岸的处理，达到亲水的目的。

（3）可行性原则：坚持以能健康生长、管理容易、移栽成活率高的植物为主体，形成大面积的绿色环境。

（4）美观、适用、生态原则：不仅单纯作为植物保护、研究、展示的机构，更要拓展到集景观、科普、休闲、旅游等具有综合性功能的城市园林。

5．设计理念和构思

（1）概念的生成：重新对植物园进行诠释，将人与自然融入植物园设计，使之更加紧密联系，和谐共处。

（2）融合设计：设计是个综合体，要融合多种因素，通过对场地的探索，创造景观表现，让人感知体会。

（3）情感体验：不仅仅是植物园，更是一种彼此的体验，是一种过后的归属感，一种环境生长后的存留印记。

6．规划布局

通过分析宁波的城市特点，将宁波植物园性质定为：①结合艺术造园手法，创造让人和自然感知的艺术生态空间；②集科普教育、休闲娱乐为一体的知识生活平台；③华南植物以及世界植物的植物宝库；④华南植物保育以及科研基地。

植物园分成三大区块、八大片区、十二个专类园。

三大区块为西部康体休闲植物区、中部植物博览区和东部田园植物区。

八大片区为：裸子植物区、珍稀植物区、植物色彩区、乡土植物区、湿生植物区、名花花园区、生态保护植物区和新优作物展示区。

十二个专类园为：古沉木专类园、水生湿生植物专类园、市树市花专类园、名花专类园、乡土植物群落专类园、钟观光专类园、色叶植物专类园等。

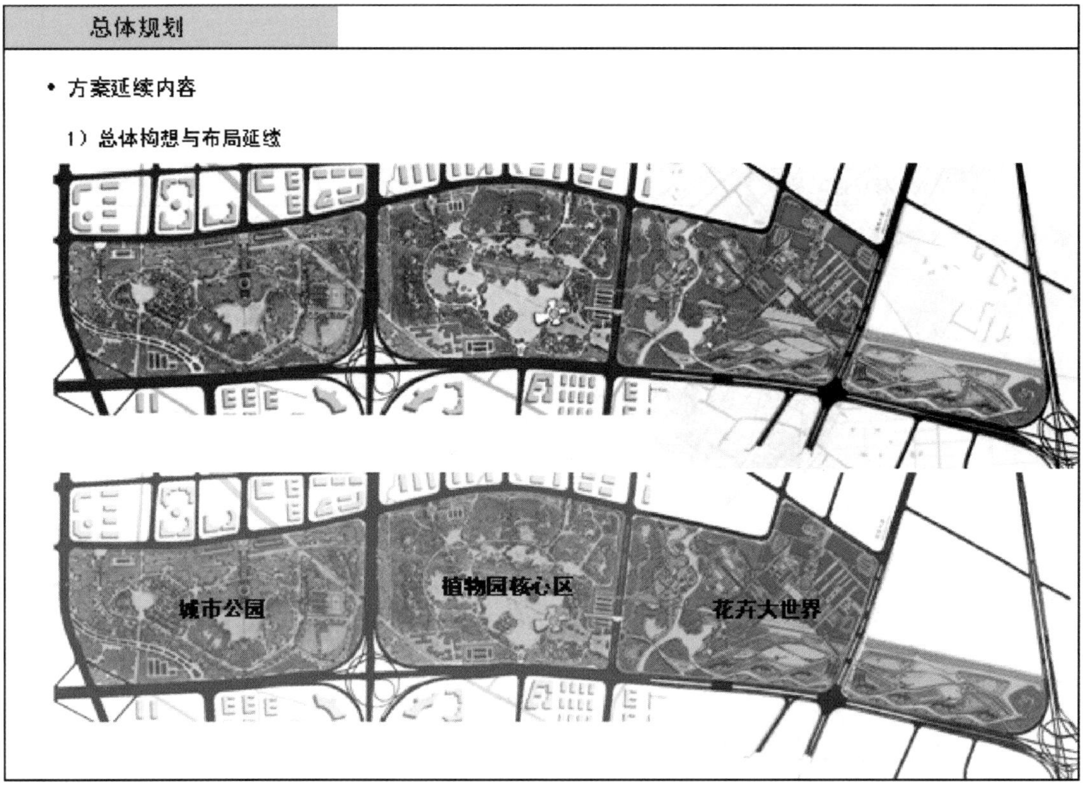

总体规划

• 方案延续内容

1）总体构想与布局延续

城市公园

植物园核心区

花卉大世界

图6-5 宁波植物园总体构思示意图

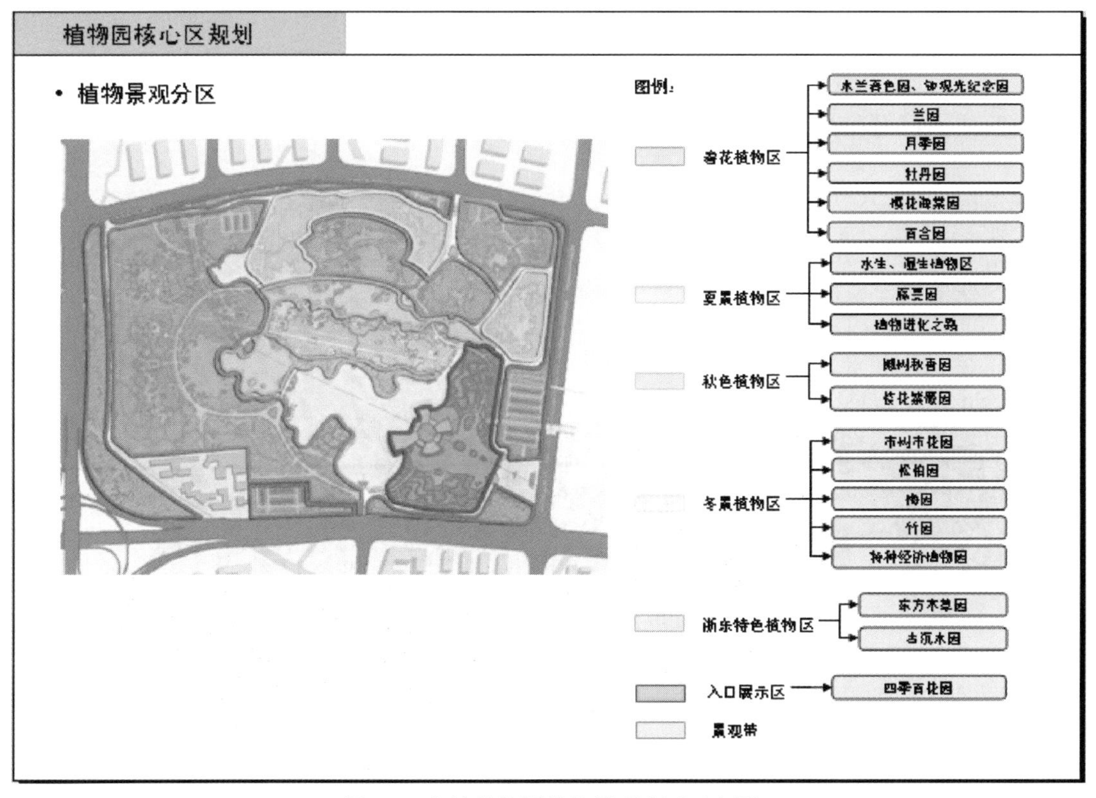

图6-6 宁波植物园植物景观分区示意图

6.2 植物园核心区规划

分为春花植物区、夏景植物区、秋色植物区、冬景植物区、浙东特色植物区、入口展示区和景观带。

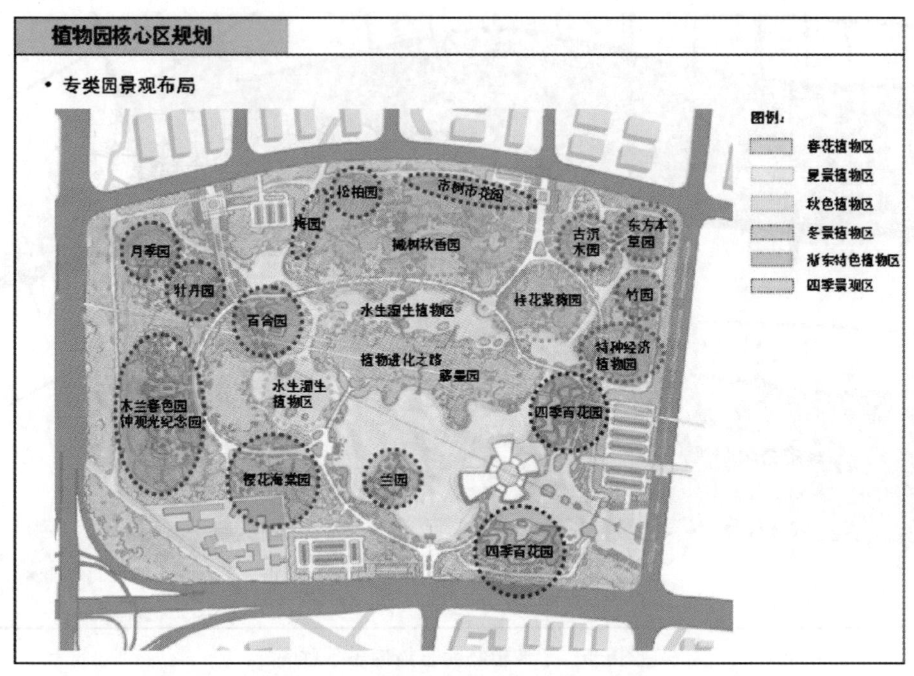

图6-7 宁波植物园专类园景观布局图

6.3 专类园景观布局

按照植物科属和四季景观共分为20个专类园，其中包括月季园、牡丹园、百合园、梅园等。

专类园设计来源于废弃的铁轨（图6-8），在经过华丽地转身之后再成为植物园重要的景观游览路线的同时，也承载着人们对城市成长的印记。利用部分废弃铁轨，通过景观的处理，锈蚀的铁轨被生机盎然的植物淹没，植物丛生取代了昔日繁忙的交通设施，在这里自然以一种顽强的方式展示了它的回归（图6-9～6-10）。

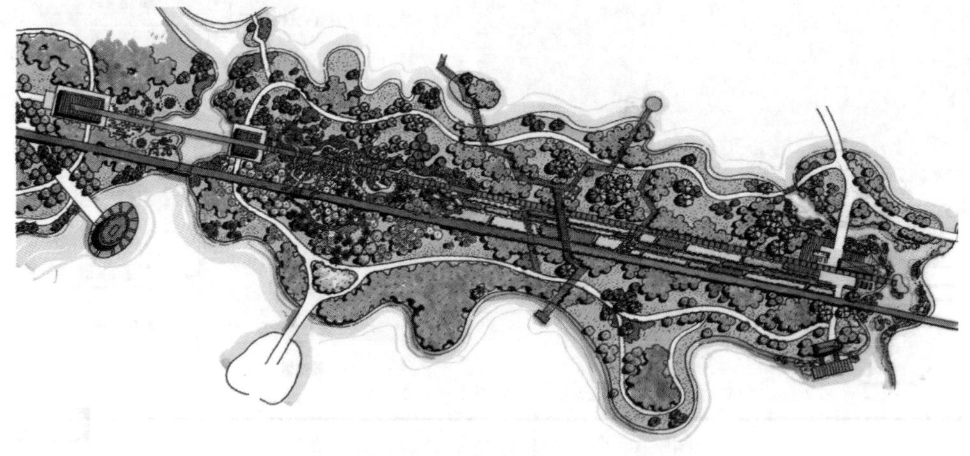

图6-8 废弃铁轨的构思

图6-9　裸子植物展示区

图6-10　双子叶植物展示区

1. 景区景点设计——主入口区及展览温室

铺装结合树池组成主入口，位于植物园核心区的东南方，连接滨水的展览温室（图6-11）。展览温室的设计由蝶恋花的理念演化而来，从平面上看像一只展开羽翼的蝴蝶扑在一朵花上。

植物园核心区规划

• 景区景点设计——主入口区及展览温室

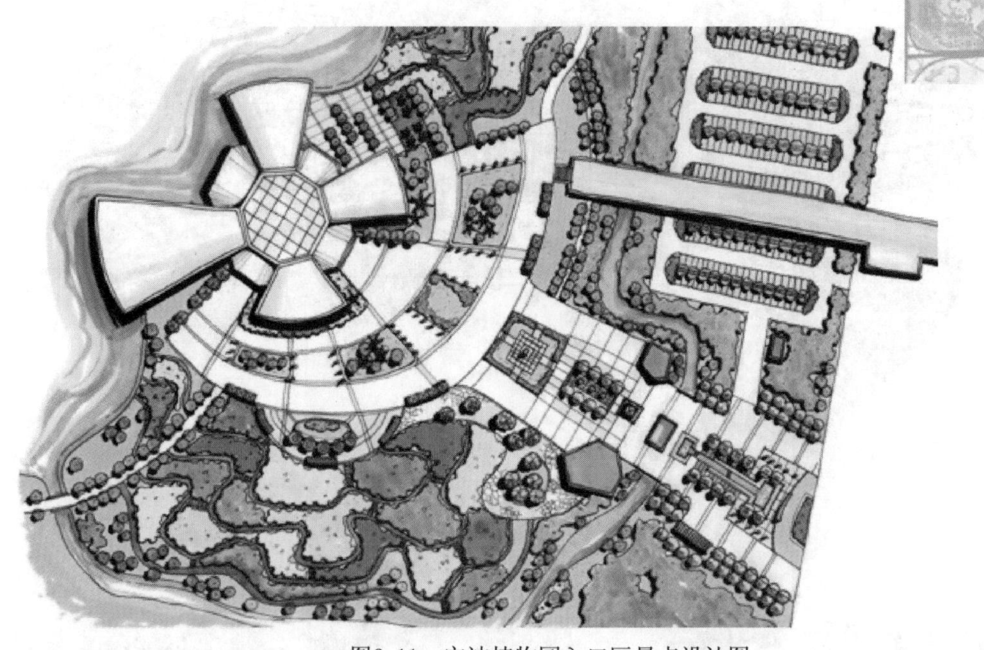

图6-11　宁波植物园入口区景点设计图

城市公园（公园西块）规划

· **城市公园（西块）平面**

①老铁轨　④景观林　⑦餐饮会所　⑩水上舞台　⑬西湖　⑯运动场地
②高架铁路　⑤大草坪　⑧大众餐饮会所　⑪水榭码头　⑭管理用房　⑰入口广场
③停车场　⑥养身小屋　⑨景观大道　⑫聚宝阁　⑮运动会所

图6-12　城市公园（公园西块）规划

• 分区——花园中心、花园餐厅区

图6-13　城市公园（公园东块）规划

城市公园（公园东块）规划分花园中心区、生态农田区、浙东植物区、钓鱼烧烤娱乐区、大草坪观赏区、都市森林区。

2. 专项设计说明

（1）竖向设计。注重竖向设计，形成丰富的地形，构成全园的骨架。临水进人处2m范围内严格按设计规范水深控制在0.5m内。大面积的草坪在满足竖向设计的前提下，设置自然排水坡度。

（2）园路设计。植物园园路的设置不单为了交通，也为了导游，起到移步移景的作用。以主园路环绕，连接三大区块，其余道路穿插其间，构成路网。道路分为3级，主园路宽5m，次园路宽4m，游步道宽2m。

（3）绿化设计。园内植物按科属分专类建园，遵循生态学和美学理论。十二个专类园包括了各类植物：苔藓与蕨类植物（孢子植物）、裸子植物和被子植物，全方位地展示木兰亚纲、金缕梅亚纲、石竹亚纲、五桠果亚纲、蔷薇亚纲、菊亚纲等的植物景观。

（4）给排水设计。人工湖水的补给：利用地下水进行补给，再辅以全园降雨的收集进行补给。绿化养护用水采用自动喷灌，水平和垂直喷灌相结合，利于植物的养护。

排水采用雨污分流制。雨水系统采用组织与自由排放相结合的形式。大部分地面雨水可通过地形整治，自然排入水体内，道路、广场雨水经雨水口收入雨水管网，就近分散排入水体或城市管网。

（5）照明规划。结合园路设不同类型的庭院灯，主要景点采用各色射灯、地灯，使不同灯光达到柔和、丰富夜色的效果。

2.3 带状公园绿地设计

带状公园与绿地是指各类呈带状分布的绿化道路，包括城市中一般的道路绿化、林荫景观道以及滨河、滨水的带状游憩园。带状公园与绿地承担着城市生态廊道的职能，对改善城市环境具有积极意义，同时丰富了城市的艺术形象，为城市居民亲近和接触绿色的开放空间提供了便利。

（1）位置规划：带状公园在城市中通常呈网状分布，是连接彼此孤立的自然板块。一般分为三种类型：生态保护型、休闲游憩型、历史文化型。

（2）规划要点：

①功能分区：带状公园是城市绿地系统的重要组成部分，主要包括生态、社会、经济三方面的功能。

②生态保护型带状公园一般沿城市河流、小溪而建，或结合城市外围交通干线而设，从数百米到几十公里不等。

③休闲游憩型带状公园结合各类特色游览步道、自行车道而建，或道路两侧设置的游憩型绿地。

④历史文化型带状公园以开展旅游观光、文化教育为目的，结合具有悠久文化历史的城墙、环城河而建的观光游憩带。

（3）道路绿化：一般指道路红线之内的行道树、分隔绿化带、交通岛以及在范围内的游憩林荫道等。道路绿化应以保证安全为前提，对道路空间进行必要的分隔，还要考虑环境心理研究等方面的内容。

（4）绿化设计：带状公园是一个设计比较灵活的公园。如滨河带状公园可以在一个小范围内创造丰富的生态系统。此外，可以种植刺灌林起到阻隔作用，也可以种植具有吸附性的植物对人和动物起到过滤作用。

2.4 湿地公园（wetland park）

湿地公园是指以湿地良好生态环境和多样化湿地景观资源为基础，以湿地的科普宣教、湿地功能利用、弘扬湿地文化等为主题，并建有一定规模的旅游休闲设施，可供人们旅游观光、休闲娱乐的生态型主题公园。湿地公园是具有湿地保护与利用、科普教育、湿地研究、生态观光、休闲娱乐等多种功能的社会公益性生态公园。

2.4.1 城市湿地公园的规划理念

城市湿地公园规划应以湿地的自然复兴、恢复湿地的领土特征为指导思想，以形成开敞的自然空间和湿地公园的定义与概念地带、接纳大量的动植物种类、形成新的群落生境为主要目的，同时为游人提供生机盎然的、多样性的游憩空间。因此，规划应加强整个湿地水域及其周边用地的综合治理。其重点内容在于恢复湿地的自然生态系统并促进湿地的生态系统发育，提高其生物多样性水平，实现湿地景观的自然化。规划的核心任务在于提高湿地环境中土壤与水体的质量，协调水与植物的关系。

2.4.2 湿地公园的景观植物配置

自然湿地生态系统对人类具有重要的意义。城市湿地公园建设，强调的是湿地生态系统特性和基本功能的保护、展示，突出湿地特有的科普教育功能和自然文化属性。其景观设计及植物配置要注意以下几点。

（1）保持湿地的完整性。依托原有的生态环境和自然群落，是湿地景观规划设计的重要基础。对原有湿地环境的土壤、地形、地势、水体、植物、动物等构成状况进行调查，在准确掌握原有湿地情况的基础上，科学配置与湿地原生态系统相互结合，起到相得益彰的景观效果，才能在设计中保持原有自然生态系统的完整性。

（2）实现人与自然的和谐。在考虑人的需求之外，湿地景观设计还要综合考虑各个因素之间的整体和谐。通过调查周围居民对该景观的影响、期望等情况，在设计时才能统筹各个因素，包括设计的形式、内部结构之间的和谐，以及它们与环境功能之间的和谐。

（3）保持生物多样性。在植物配置方面，一是应考虑植物种类的多样性，二是尽量采用本地植物，三是在现有植被的基础上适度增加植物品种。多种类植物的搭配，不仅在视觉效果上相互衬托，形成丰富而又错落有致的效果，而且与水体污染物的处理功能也能够互相补充，有利于实现生态系统的完全或半完全(配以必要的人工管理)的自我循环。其原则是在现有植被的基础上，适度增加植物品种，从而完善植物群落。

（4）科学配置植物种类。植物的配置设计，要从湿地本质考虑，以水生植物作为植物配置的重点元素，注重湿地植物群落生态功能的完整性和景观效果的完美体现。

从生态功能考虑，应选用茎叶发达的植物以阻挡水流、沉降泥沙，采用根系发达的植物以利于吸收水系污染物。

从景观效果上考虑，有灌木与草本植物之分，要尽量摸拟自然湿地中各种植物的组成及分布状态，将挺水(如芦苇)、浮水(如睡莲)和沉水植物(如金鱼草)进行合理搭配，形成更加自然的多层次水生植物景观。

从植物特性上考虑，应以乡土植物为主，外来植物为辅，保护生物多样性。

（5）因地选择植物品种。乔灌木及地被植物可选用银杏、香樟、水杉、樱花、落羽杉、池杉、楸树、黄连木、乌桕、苦楝、石楠、枫杨、榕树、垂柳、沙地柏、迎春、石竹等；水生植物可选用荷花、菖蒲、香蒲、泽泻、水鸢尾、芦苇、金鱼草、水竹、水蓼、水葱、金鱼藻；草坪草可选用冷季型的早熟禾、黑麦、剪股颖，暖季型的狗牙根、地毯草、马蹄金等。

2.4.3 湿地公园管理分级

根据《湿地公园管理办法》，湿地公园分为以下两级：

（1）国家级湿地公园：湿地公园的主题突出，湿地生态环境优良、湿地景观特别优美，观赏、科学、文化价值高，地理位置特殊，对区域生态环境具有重要的调节作用，且生态旅游服务设施齐全；

（2）省级湿地公园：湿地公园的主题突出，且湿地生态环境良好、湿地景观有特色，有一定的观赏、科学、文化价值，对区域生态环境有一定的调节作用，且具备必要的旅游服务设施。

目前我国共有100处国家湿地公园试点，其中有37处为国家城市湿地公园。

案例1：杭州西溪湿地公园位于浙江省杭州市区西部，距西湖不到5千米，是罕见的城中次生湿地。这里生态资源丰富，自然景观质朴，文化积淀深厚，曾与西湖、西泠并称杭州“三西”，是目前国内第一个也是唯一的集城市湿地、农耕湿地、文化湿地于一体的国家湿地公园。2009年浙江杭州西溪国家湿地公园被列入国际重要湿地名录。

图6-14　杭州西溪湿地一角景观

案例2：白洋淀自然湿地保护区位于河北省中西部，京津腹地，以各种鱼类（54种）、水鸟（197种）、湿地原貌、芦苇（约15万亩）、荷花（约12万亩，366种）、香蒲（9万亩）为主要景观。这里烟波浩淼，风景秀丽，天水相连，苇绿荷红，水草丰美，鱼鸟成群，是我国北方最典型和代表性的湖泊和草本沼泽型湿地，是华北最美的湿地，有“日出斗金”、“北国江南”之称。

图6-15　白洋淀自然湿地局部景观

3. 公园设施环境以及分区绿化

3.1 出入口

大门为公园主要出入口，大都面向城镇主干道（图6-14）。绿化时应注意街景并与大门建筑相协调，同时还要突出公园的特色。若大门为规则式建筑，则对称式布置绿化。大门前的停车场，四周可用乔、灌木绿化，以便夏季遮阳以及隔离周围环境。大门内部可用花池、花坛、灌木与雕像或导游图相配合，可铺设草坪，种植花、灌木。

图6-16　某公园主入口景观效果

3.2 园路绿化

主干道绿化可选用高大、荫浓的乔木和喜阳的花卉植物在两旁布置花境，但在配植上要有利于交通，还要根据地形、建筑、风景的需要而起伏、蜿蜒。小路绿化要更丰富多彩，达到移步换景的目的。园路交叉口是游人视线的焦点，可用花灌木点缀（图6-15）。

图6-17　某公园道路景观效果

3.3 广场绿化

广场绿化既要不影响交通，又要形成景观。休息广场四周可植乔木、灌木，中间布置草坪、花坛，形成宁静的气氛。停车铺装广场，应留有树穴，种植落叶大乔木，有利于夏季遮阳，但冠下分枝高应为4m，以便满足行车要求。与地形结合种植花草、灌木、草坪，设计成活动草坪广场（图6-16，6-17）。

图6-18　某公园铺装游憩广场景观效果

图6-19　某公园草坪游憩广场景观效果

3.4 园林建筑小品

公园建筑小品附近可设计花坛、花境。展览室内可布置耐阴花木，门前可种植浓荫大冠的落叶大乔木。沿墙可布置成丛的花灌木。公园的水体可种植荷花、睡莲芦苇等水生植物。沿岸可种植耐水湿的草本花卉或者点缀乔灌木、建筑小品等以丰富水景（图6-18）。

图6-20　某公园水体景观效果

4. 公园绿地的植物配置和树种选择

4.1 植物配置

4.1.1 植物配置原则

（1）全面规划，重点突出，远期和近期相结合；

（2）突出公园的植物特色，注重植物品种搭配；

（3）公园植物规划应注意植物基调及各景区的主配调的规划；

（4）植物规划充分满足使用功能要求；

（5）四季景观和专类园设计时植物造景的突出点；

（6）注意植物的生态条件，创造适宜的植物生长环境。

4.1.2 植物配置

（1）满足园林艺术的需要，植物设计要有层次感，乔木与灌木、常绿和落叶相结合，适当地点缀花卉、草坪。在树种搭配上，既要满足生物学特性，又要考虑绿化景观效果。

（2）考虑四季景色的变化，设计时可分区、分级配置，使每个地段都突出一个季节的植物景观主题，同时应点缀其他季节的植物，避免单调，在统一中求变化。

（3）植物的可观赏性是多方面的，全面考虑植物在观形、赏色、闻味、听声上的效果，根据植物本身观赏效果的特点进行搭配，合理配置。设计时可使观赏整体效果的布置离游人远一点，观赏个体效果的布置离游人近一点，还可与建筑、地形等结合，丰富园林景观。

（4）植物栽植时可用规则式和自然式两种。规则式选择枝叶茂密、树形美观、规格一致的树种，配置成整齐对称的几何图形。有对植、列植等方式。自然式植物配置有孤植、丛植、群植等方式，适当运用对景、框景等造园手法，创造出千变万化的景观。

4.2 树种选择

在公园绿化中，植物是构成公园绿地最基础的材料。在充分考虑统一风格的基础上，树种选择时还要考虑以下几点：

（1）植物宜选择乡土树种为公园的基调树种。这种植物存活率较高，既经济又有地方特色，生长健壮、病虫害少、管理可粗放，如上海复兴公园的悬铃木，非常有特色。

（2）分区考虑树种选择，比如体育活动区要求树种以及颜色要单一，避免选用种子飞扬、易生病虫害的树木。儿童活动场地应有高大、树冠展开的落叶乔木庇荫，不宜种植有刺、有毒或易引起过敏的树种。

（3）以乔木为主，实行落叶乔木与常绿乔木相结合，乔木和灌木相结合。适量选择落叶灌木和常绿灌木，增加绿量，起到增加绿化层次和美化、彩化作用。一般常绿树与阔叶树应有一定比例。华南地区，常绿树种可占70%～80%，落叶树种占20%～30%。

（4）以抗逆性强的树种为主，树木的功能性和观赏性相结合。选用抗逆性强的树种，无疑会增强城市的绿化效益。但是抗逆性强的树种，不一定在树势、姿态、叶色、花期等方面都很理想。为此，在大量选择抗逆性强的树种的同时，还要选择那些树干通直、树姿端庄、树体优美、枝繁叶茂、冠大荫浓、花艳芳香的树种，加以配置。

（5）具有环境保护作用和经济收益的植物。根据环境，因地制宜地选用哪些具有防风、防噪声、调节小气候，以及能监测和吸附大气污染的植物。

计 划 单

<table>
<tr><td>学习领域</td><td colspan="3">园林规划设计</td></tr>
<tr><td>学习情境6</td><td>公园绿地规划设计</td><td>学时</td><td>4</td></tr>
<tr><td>计划方式</td><td colspan="3">小组成员团队合作共同制订工作计划</td></tr>
<tr><td>序号</td><td>实施步骤</td><td colspan="2">使用资源</td></tr>
<tr><td>1</td><td>调查当地的气候、土壤、地质条件等自然环境。</td><td colspan="2"></td></tr>
<tr><td>2</td><td>了解当地公园周边环境、居民生活习惯、人文历史情况。</td><td colspan="2"></td></tr>
<tr><td>3</td><td>实地考察测量，或者通过其他途径获得现状平面图。</td><td colspan="2"></td></tr>
<tr><td>4</td><td>分析各种因素，做出总体方案初步设计。</td><td colspan="2"></td></tr>
<tr><td>5</td><td>充分研讨，确定总平面图。</td><td colspan="2"></td></tr>
<tr><td>6</td><td>绘制其他图纸，包括功能分区规划图、地形设计图、植物种植设计图、建筑小品平面图、立面图、剖面图、局部效果图或总体鸟瞰图等。</td><td colspan="2"></td></tr>
<tr><td>7</td><td>编制设计说明书。</td><td colspan="2"></td></tr>
<tr><td>8</td><td></td><td colspan="2"></td></tr>
<tr><td>9</td><td></td><td colspan="2"></td></tr>
<tr><td>10</td><td></td><td colspan="2"></td></tr>
<tr><td>制订计划说明</td><td colspan="3"></td></tr>
<tr><td rowspan="3">计划评价</td><td>班级：</td><td>第　　组</td><td>组长签字：</td></tr>
<tr><td colspan="2">教师签字：</td><td>日期：</td></tr>
<tr><td colspan="3">评语：</td></tr>
</table>

材料工具清单

学习领域	园林规划设计						
学习情境6	公园绿地规划设计				学时		2
项目	序号	名称	作用	数量	型号	使用前	使用后
所用仪器设备	1	经纬仪					
	2	电脑					
	3	打印机					
	4	扫描仪					
	5						
	6						
	7						
	8						
所用材料	1	绘图纸					
	2	铅笔					
	3	彩铅					
	4	橡皮					
	5	透明胶					
所用工具	1	皮尺					
	2	钢卷尺					
	3	小刀					
	4	绘图板					
	5	丁字尺					
	6	比例尺					
	7	三角板					
	8	针管笔					
	9	马克笔					
	10	圆模板					
班级		第　　组		组长签字： 教师签字：			

作 业 单

<table>
<tr><td>学习领域</td><td colspan="4">园林规划设计</td></tr>
<tr><td>学习情境6</td><td colspan="2">公园绿地规划设计</td><td>学时</td><td>14</td></tr>
<tr><td>作业方式</td><td colspan="4">上交一套设计方案（手绘或计算机辅助设计图纸和设计说明）</td></tr>
<tr><td>1</td><td colspan="4">完成当地某公园规划设计</td></tr>
<tr><td colspan="5">一、操作步骤
1. 对公园规划设计的优秀作品进行分析、学习
2. 进行实训操作动员和设计的准备工作
3. 对初步设计方案进行分析、指导
4. 修改、完善设计方案，并形成相对完整的设计方案。
二、操作方式
1. 采用室外现场参观等形式，对公园景观进行分析、点评
2. 对公园景观设计优秀作品分析讲评
3. 拟定具体的公园建设项目进行方案设计
三、操作要求
所有图纸的图面要求表现力强，线条流畅、构图合理、清洁美观，图例、文字标注、图幅等符合制图规范。设计图纸包括：
1. 公园设计总平面图。表现各种造园要素（如山石水体、园林建筑与小品、园林植物等）。要求功能分区布局合理，植物配置季相鲜明。
2. 透视或鸟瞰图。手绘公园实景，表现绿地中各个景点、各种设施及地貌等。要求色彩丰富、比例适当、形象逼真。
3. 园林植物种植设计图。表示设计植物的种类、数量、规格、种植位置及类型和要求的平面图样。要求图例正确、比例合理、表现准确。
4. 局部景观表现图。用手绘或者计算机辅助制图的方法表现设计中有特色的景观。要求特点突出，形象生动。
另外，设计说明语言流畅、言简意赅，能准确地对图纸补充说明，体现设计意图。</td></tr>
<tr><td rowspan="4">计划评价</td><td colspan="2">班级：</td><td>第　　组</td><td>组长签字：</td></tr>
<tr><td colspan="2">学号：</td><td colspan="2">姓名：</td></tr>
<tr><td>教师签字：</td><td colspan="2">教师评分：</td><td>日期：</td></tr>
<tr><td colspan="4">评语：</td></tr>
</table>

决 策 单

<table>
<tr><td>学习领域</td><td colspan="7">园林规划设计</td></tr>
<tr><td>学习情境6</td><td colspan="5">公园绿地规划设计</td><td>学时</td><td>6</td></tr>
<tr><td colspan="8">方案讨论</td></tr>
<tr><td rowspan="11">方案对比</td><td>组号</td><td>构思</td><td>布局</td><td>线条</td><td>色彩</td><td>可行性</td><td>综合评价</td></tr>
<tr><td>1</td><td></td><td></td><td></td><td></td><td></td><td></td></tr>
<tr><td>2</td><td></td><td></td><td></td><td></td><td></td><td></td></tr>
<tr><td>3</td><td></td><td></td><td></td><td></td><td></td><td></td></tr>
<tr><td>4</td><td></td><td></td><td></td><td></td><td></td><td></td></tr>
<tr><td>5</td><td></td><td></td><td></td><td></td><td></td><td></td></tr>
<tr><td>6</td><td></td><td></td><td></td><td></td><td></td><td></td></tr>
<tr><td>7</td><td></td><td></td><td></td><td></td><td></td><td></td></tr>
<tr><td>8</td><td></td><td></td><td></td><td></td><td></td><td></td></tr>
<tr><td>9</td><td></td><td></td><td></td><td></td><td></td><td></td></tr>
<tr><td>10</td><td></td><td></td><td></td><td></td><td></td><td></td></tr>
<tr><td>方案评价</td><td colspan="3">学生互评：</td><td colspan="4">教师评价：</td></tr>
<tr><td colspan="2">班级：</td><td colspan="2">组长签字：</td><td colspan="2">教师签字：</td><td colspan="2">日期：</td></tr>
</table>

教学反馈单

学习领域	园林规划设计			
学习情境6	公园绿地规划设计	学时	4	
序号	调查内容	是	否	理由陈述
1	你是否明确本学习情境的学习目标？			
2	你是否完成了学习情境的学习任务？			
3	你是否达到了本学习情境的要求？			
4	资讯的问题你都能回答吗？			
5	你是否喜欢这种上课方式？			
6	通过几天的工作和学习，你对自己的表现是否满意？			
7	你对本小组成员之间的合作是否满意？			
8	你认为本学习情境对你将来的学习和工作有帮助吗？			
9	你认为本学习情境还应学习哪些方面的内容？			
10	本学习情境学习后，你还有哪些问题不明白？哪些问题需要解决？			
你的意见对改进教学非常重要，请写出你的建议和意见：				
被调查人姓名：		调查时间：		

学习情境7

观光农业园（区）规划设计

任务单

【学习领域】

园林规划设计

【学习情境7】

观光农业园（区）规划设计

【学时】

40

【布置任务】

学生在接到设计项目后，先与建设方沟通，了解建设要求和目的、建设内容、投资金额、设计期限等；此后要进行现场踏勘及资料的搜集，对项目所在地的气候、地形地貌、土壤、水质、植被、建筑物和构筑物、交通状况、周围环境及历史、人文资料和城市规划的有关资料进行搜集和深入研究；在此基础上做出总体方案初步设计，经推敲后确定总平面图，并绘制功能分区规划图、地形设计图、植物种植设计图、建筑小品平面图、立面图、剖面图、局部效果图或总体鸟瞰图等图纸；再完成设计说明的撰写；最后向建设方汇报方案。

【学时安排】

资讯6学时；计划4学时；作业16学时；决策学6时；评价8学时。

资 讯 单

【学习领域】

园林规划设计

【学习情境7】

观光农业园（区）规划设计

【学时】

6

【资讯方式】

在专业图书资料、期刊、互联网及信息单上查询问题答案，或向任课教师咨询。

【资讯问题】

1．观光农业园（区）的分类有哪些？

2．观光农业园（区）的设计要点是什么？

3．怎样确定观光农业园（区）的指标？

4．观光农业园（区）设计应遵循哪些基本原则？

5．观光农业园（区）的形式有哪几种？各自的特点是什么？

【资讯引导】

1．查看参考资料。

2．分小组讨论，充分发挥每位同学的能力。

3．相关理论知识可以查阅信息单上的内容。

4．对当地观光农业园（区）现状要进行实地踏查，拍摄照片、手绘现状图等，将相关资料通过各种可能的方法进行搜集。

信 息 单

【学习领域】

园林规划设计

【学习情境7】

观光农业园（区）规划设计

【学时】

6

【信息内容】

观光农业（或称旅游农业），是19世纪末的时尚。它以世界范围的真正兴起为20世纪中后期，而在我国则从20世纪90年代开始。意大利在1865年就成立了“农业旅游全国协会”，专门介绍城市居民到农村去体味农田野趣，距今已有100多年的历史。

然而，就把农业引入园林这一简单形式来看，我们可从园林的最初形态上找到观光农业的雏形。

在古希腊园林形成的初期，实用性很强，形式也比较简单，多将土地修整为规则式园圃。种植则以经济作物为主，栽培果品、蔬菜、香料和各种调味品。这是当时比较主要的表现形式。

在古罗马园林中，基本继承了古希腊园林规则式的特点，并对其进行了发展和丰富。在种植方面，花园占了较大的比重，园林中的葡萄园、稻田则不再具有强烈的功利性。

在“黑暗的中世纪”，园林以实用为主，城堡内的园林中设有规则的药圃和菜地。

在我国园林的雏形——周朝的苑、囿中，也栽有大量的桃、梅、木瓜等农作物，这从《周礼》上：“园圃树之果瓜，时敛而收之。”〈说文》上：“园，树果；圃，树菜也。”（树即栽培之意）‘诗经》上“桃之夭夭，其华灼灼。”等诗句中可以看出。

随着历史的发展，农作物在园林中应用也逐渐减少，到文艺复兴时期，当时最大的园林理论家阿尔伯蒂（Leon Battista Alberti）的设计思路就摒弃了纯实用的观点，认为果树不应种植在园林里……

从中外园林的最初形态上，我们都能看到很多农业的影子，而今天，观光农业。农业旅游又成为新一轮的热点，这也说明人类对农业的认识上升到一个新的阶段。

观光农业的兴起改变了传统农业仅专注于土地本身的大耕作农业的单一经营思想，把发展思路拓展到“人地共生”的旅游业与农业结合的理想模式。结合我国农业大国的国情，在农业与旅游业的最佳结合点上做文章，既可促使我国“三高”农业即高产、高质、高效农业和无污染的绿色农业的发展，在一定意义上也迎合了新世纪世界生态旅游发展的大趋势。

1. 观光农业园（区）的概念

观光农业是一种以农业和农村为载体的新型旅游业，有狭义和广义两种含义。狭义的观光农业仅指用来满足旅游者观光需求的农业。广义的观光农业应涵盖休闲农业、观赏农业、农村旅游等不同概念，是指在充分利用现有农村空间、农业自然资源和农村人文资源的基础上，通过以旅游内涵为主题的规划、设计与施工，把农业建设、科学管理、农艺展示、农产品加工、农村空间出让以及旅游者的广泛参与融为一体，使旅游者充分领略现代新型农业艺术及生态农业的大自然情趣的新型旅游业。

2. 观光农业园（区）的功能

观光农业之所以在国内外蓬勃发展，在于它有多方面的功能（图7-1）。

⑴ 健身、休闲、娱乐功能。这是观光农业区别于一般农业的一个最显著的特点。观光农业能为游客提供游憩、疗养的空间和休闲场所，并且通过观光、休闲、娱乐活动，减轻工作及生活上的压力，达到舒畅身心、强健体魄的目的。如南宁绿野生态休闲场就提出：在这里做个快乐农夫，体验“吃农家饭，住农家屋，做农家活，看农家景”的庭院农业以及回归自然的情趣，享受悠闲浪漫的情怀与淳朴农家乐趣的乡土气息。

⑵ 文化教育功能。农业文明、农村风俗人情、农业科技知识以及农业优秀传统是人类精神文明的有机组成部分。观光农业注重农业的教育功能，通过观光农业的开发使这些精神文明得以继承、发展、发扬光大。

⑶ 生态功能。观光农业比一般的农工业更强调农业的生态性，为吸引游客，观光农业区需改善卫生状况，提高环境质量，维护自然生态平衡。

⑷ 社会功能。观光农业的社会功能主要体现在两个方面：一是农业发展的新形式，经济效益好，对农业生产有示范样板作用，有利于稳定农业生产；二是能够增进城乡接触，缩小差距，有利于提高农民生活质量，推进城乡一体化进程。

⑸ 经济功能。观光农业获利潜力大，可扩大农村经营范围，增加农村就业机会，提高农民收入，壮大农村经济实力。

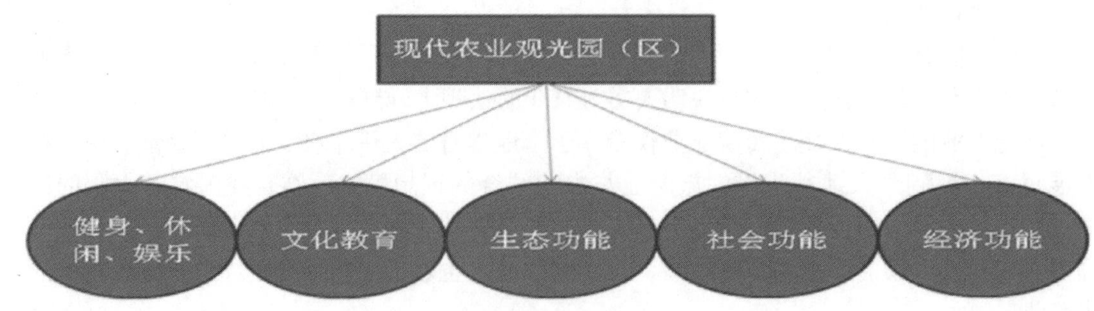

图7-1　现代农业观光园功能

3. 影响农业观光园规划的有关要素

影响农业观光园规划的因素，主要指供给方与需求方因素。

对供给方而言，是指拟作农业观光园区的基地条件、开发者的开发意向、投资能力、规划设计者的业务水平和后期管理状况等等。而对于需求方即游人而言，则指游人的心理、年龄结构、个人可支配收入、生活结构、偏好及经济能力等方面。在此，分析园区的基地条件主要包括目标定位、性质和旅游供应条件。

（1）目标定位，是指确定农业观光园的类型。因为农业观光园各类型之间差异很大，在规划前期，要首先确定基地是用于农业科技园的建设，还是用于观光农园的建设；是规划一个完整的农业观光园，还是把农业观光作为园区的一部分内容。比如，广东顺德的生态乐园就把观光农业作为其中的一个园区——生态农业区。

（2）性质分析，这是指对主要服务对象的分析。这将影响到规划的方向与建设的标准等等。比如，北京的少儿农庄、浙江富阳白鹤村的“三味”农庄，主要面向中、小学生团体；而山东泰安的家庭旅游、大连的凌水农庄，则以接待家庭旅游为主。

（3）旅游供应条件，是指园区内观光农业资源的状况、特性及其空间分布，最大允许环境容量，水电供应能力及其他公用设施，商业饮食服务设施的种类，营业面积，对外交通的吞吐能力，旅游通信设备水平等等方面。因为农业观光园的季节性比较强、户外活动较多，对于环境容量必须作出应有的分析规划；而对外交通能力则决定了游人的可达性，应引起一定的重视。比如，杭州萧山的山里人家，规划了马车之旅、公交车之旅等形式，但其吞吐能力仍有待改进。

此外，园区所属地居民的经济、文化背景及其对旅游活动的容纳能力。游客活动及当地居民的生产、生活活动与农业观光园区环境相融合情况也应作出考虑。

4. 观光农业园规划原则

（1）总体规划与资源（包括人文资源与自然资源）利用相结合，因地制宜，充分发挥当地的区域优势，尽量展示当地独特的农业景观。

（2）当前效益与长远效益相结合，以可持续发展理论和生态经济学原理来经营，提高经济效益。

（3）创造观赏价值与追求经济效益相结合。在提倡经济效益的同时，注意园区环境的建设，应以体现田园景观的自然、朴素为主。

5. 观光农业园（区）

农业观光园以农业为载体，属风景园林、旅游、农业等多学科相交叉的综合体。农业观光园的规划理论也借鉴于各学科中相应的理论。又因我国的农业资源丰富，在进行农业观光园的规划时要有所偏重、有所取舍、做到因地制宜、区别对待。

农业资源是指为农事活动或农业生产提供原料或能量的自然资源。

农业资源包括两大类：一是作为农业经营对象的生物资源，如森林资源、作物资源、牧场和饲料资源、野生及家养动物资源、水产渔业资源和遗传资源等，它们都具有可更新的特征，通过生长和发育过程，在一般情况下可周而复始地完成生物的繁衍过程，并通过生物量的积累形式，提供生物产品满足人类社会的需要。另一类是仅为农用生物提供载体或生长的环境，本身并没有物质生产功能，如土地资源、农业气候资源等。

典型的农业观光园规划主要包括几个方面：分区规划、交通道路规划、栽培植被规划、绿化规划、商业服务规划、给、排水和供配电（及通讯设施等）规划等。因农业观光园各类型差异大，对于农业旅游度假区之类还有旅游接待规划，对于依托于特殊地带或植被的还有保护区规划等内容（图7-2～7-4）。

农业观光园的规划内容：

(1)分区规划

农业观光园的分区规划主要指功能分区这一形式。

目前所见的各类农业观光园其设计创意与表现形式不尽相同，而功能分区大体类似，即遵循农业的三种内在功能联系：

a.提供乡村景观。利用自然或人工营造的乡村环境空间，向游人提供逗留的场所。

其尺度分三种：大尺度——田园风景观光；中尺度——农业公园；小尺度——乡村休闲度假地。

b.提供体验交流场所。通过具有参与性的乡村生活形式及特有的娱乐活动，实现城乡居民的交流。表现为：乡村传统庆典和文娱活动；农业实习旅游；乡村会员制俱乐部。

c.提供农产品生产、交易的场所。向游客提供当地农副产品。主要形式为：农产品生产；产品销售（可采摘瓜果、农产品直销、乡村集市）；乡村食宿服务。

农业观光园的功能分区是突出主体，协调各分区的手段。在规划时要注意动态游览与静态观赏相结合，保护农业环境。

典型的农业观光园空间布局应环绕自然风光展开，形成“三区结构模式”：核心为严格保护的生产区，限制或禁止游人进入；中心区为观光娱乐区，把生产与参观、采摘、野营等活动相结合，适当地设立服务设施。交通、餐饮、购物、娱乐等。

图7-2　农业观光园景观

典型农业观光园分区和布局，主

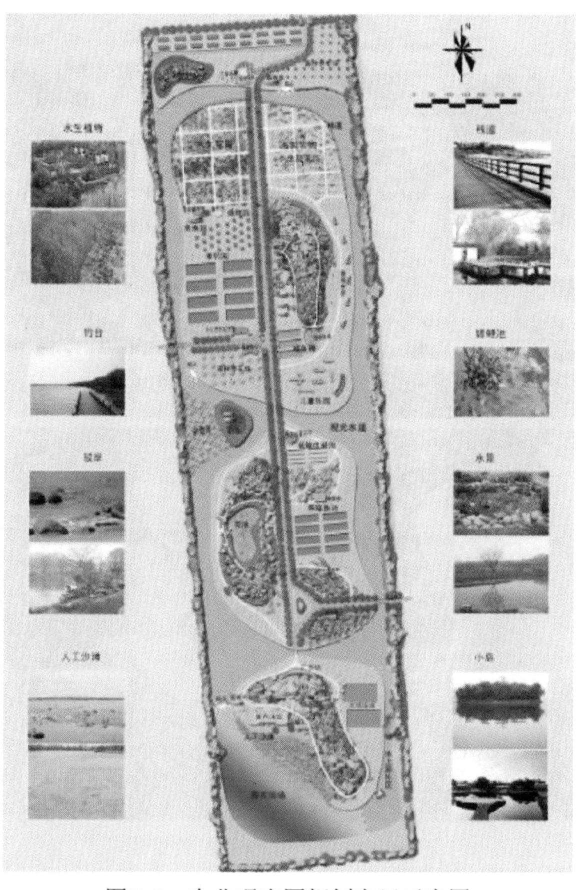

图7-3　农业观光园规划布局示意图

图7-4　农业观光园景观效果

要包括五大分区：生产区、示范区、销售区、观赏区和休闲区（图7-5）。

⑵ 交通道路规划

交通道路规划包括对外交通、入内交通、内部交通、停车场地和交通附属用地等。

①对外交通是指由其他地区向园区主要入口处集中的外部交通，通常包括公路、桥梁的建造、汽车站点的设置等。

②入内交通则指园区主要入口处向园区的接待中心集中的交通。如萧山的山里人家就把入内交通设为马车之旅。

图7-5　农业观光园采摘效果图

③内部交通主要包括车行道、步行道等。一般园区的内部交通道可据其宽度及其在园区中的导游作用分为以下几种（图7-6）：

a. 主要道路：主要道路以连接园区中主要区域及景点，在平面上构成园路系统的骨架。在园路规划时应尽量避免让游客走回头路，路面宽度一般为4～7m，道路纵坡一般要小于8%。

b. 次要道路：次要道路要伸进各景区，路面宽度为2～4m，地形起伏可较主要道路大

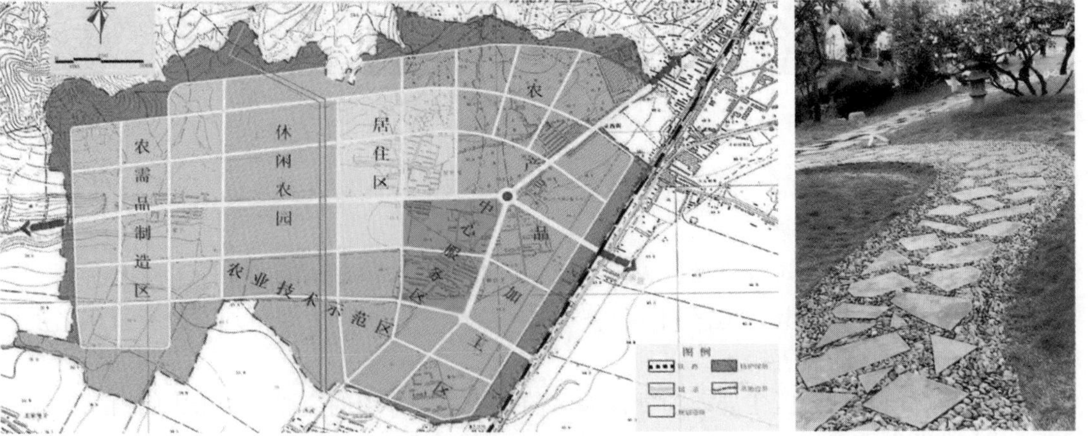

图7-6　农业观光园道路景观布局及效果图

些，坡度大时可作平台、踏步等处理形式。

c.游憩道路：游憩道路为各景区内的游玩、散步小路。布置比较自由，形式较为多样，对于丰富园区内的景观起着很大作用。内部交通道在规划时，不仅要考虑它对景观序列的组织作用，更要考虑其生态功能。譬如廊道效应。特别是农田群落系统往往比较脆弱，稳定性不强。在规划时应注意其廊道的分隔、连接功能，考虑其高位与低位的不同。

⑶ 栽培植物规划

栽培植被规划是农业观光园区内的特色规划。根据中国植被的分类，栽培植被包括草本类型、木本类型和草本木本间作这三大类型。

草本类型包括：大田作物型（旱地作物与水田作物）和蔬菜作物型两类。

木本类型包括：经济林型、果园型和其他人工林型。

草本木本间作类型包括：农林间作与农果间作型。

在典型的农业观光园栽培植被规划中常有见的：

①生态林区：包括珍稀物种生境及其保护区、水土保持和水源涵养林区。

②观赏（采摘）林区：往往是木本栽培植被，一般于主游线、主景点附近，处于游览视域范围内的植物群落，要求植物形态、色彩或质感有特殊视觉效果，其抚育要求主要以满足观赏或采摘为目的。如果范围内有生态敏感区域，还应加强生态成分，避免游人采摘活动，这时则作为观赏生态林。

③生产林区：为观光农业园区的内核部分，可为三大栽培类型中的任一类，是以生产为主，限制或禁止游人入内。一般在规划中，生产林区处在游览视觉阴影区、地形缓、没有潜在生态问题的区域。

当然，园区的栽培规划还要考虑园区特色。我国国土所跨的经纬度非常大，不同地区有不同的光、热、水、土等自然条件的组合，导致农业生产地区差异明显。就全国范围来说，可以划分为十大各具特色的农业区，各区的田野风光迥然不同。农业观光园区的栽培规划应当以园区所在的农业区为依据，挖掘特色，让游人真正地体会到“回归自然”，感受乡野。如东北地区的大豆、高粱、林海雪原；内蒙古草原牧区的风吹草低见牛羊；长江中下游地区星罗棋布的水田河网；海洋水产区的帆影点点，渔歌唱晚等等。

⑷ 绿化规划

绿化规划是一个较细的规划，在尊重区域规划、生态规划、栽培植被规划等的前提下进行。一般来说，农业观光园区的绿化规划参照风景园林绿化规划的理论进行，原则是点、线、面相结合，乔、灌、草搭配，要求尽量模拟自然，不留“人工味”。

案例分析：观光生态农业园

概况：某观光生态农业园按照公园的经营思路，以农业相关内容为主题，以科技为主导，以市场为导向，建设集农产品生产、农业科技推广、餐饮会务、果品采摘、度假旅游、科普教育等多功能于一体的现代农业公园（图7-7～7-9）。总面积15hm^2，项目总投资约1000万元人民币。

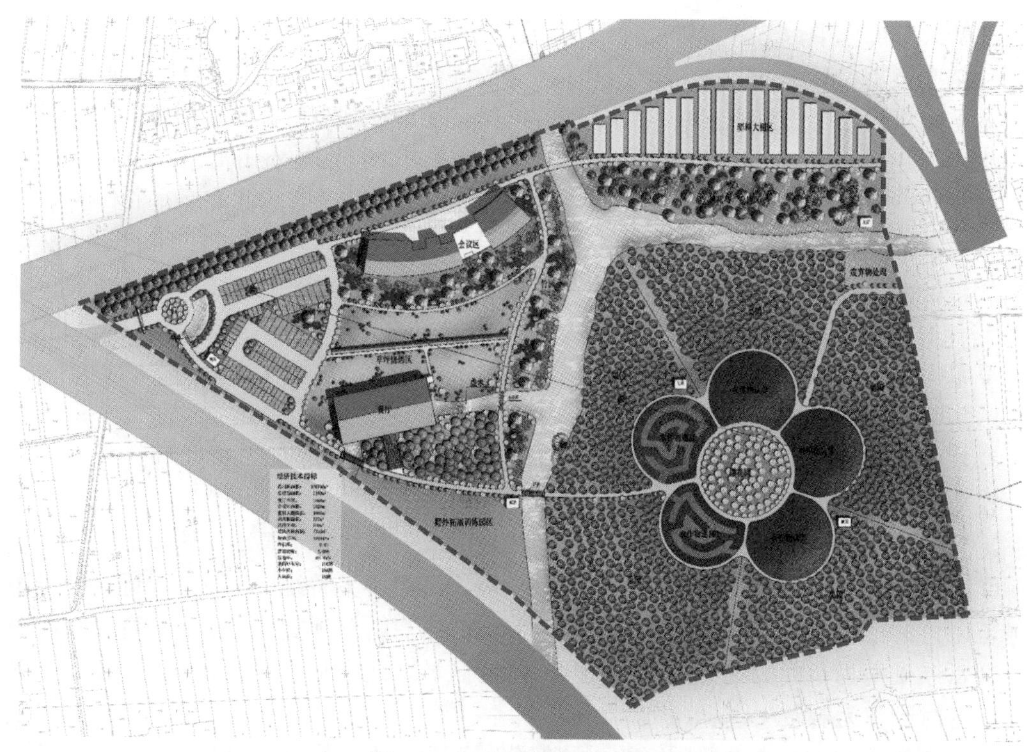

图7-7　某观光生态园平面图

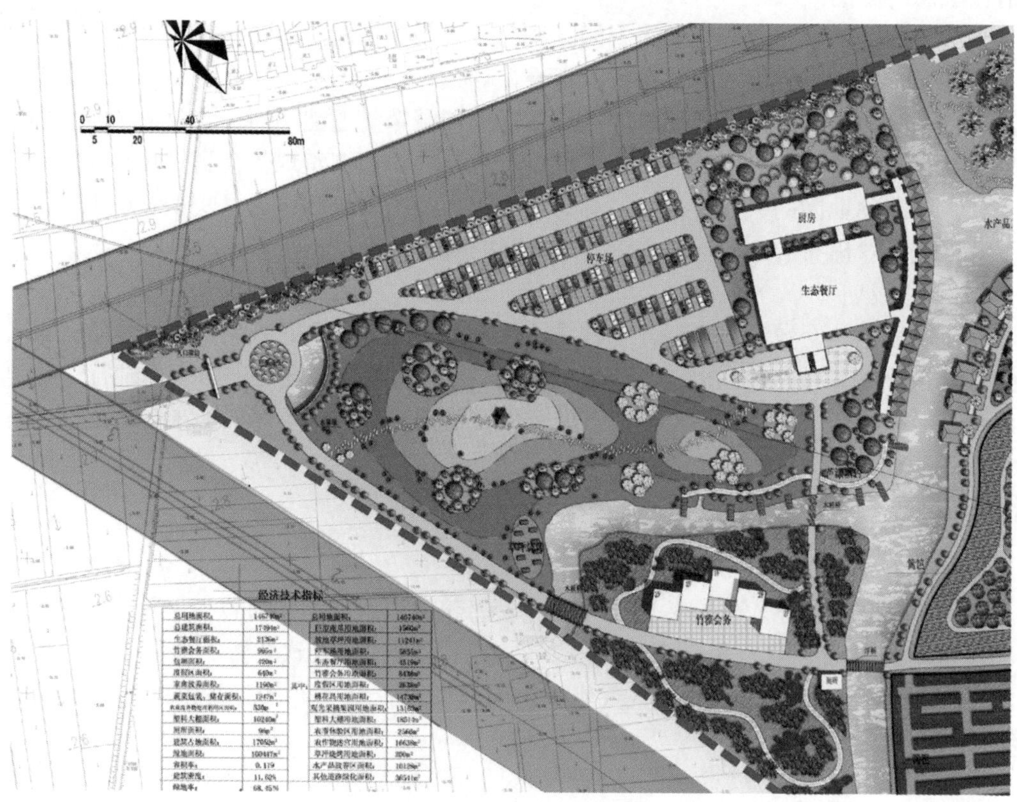

图7-8　观光生态园景点及生态餐厅平面布局

图7-9　观光生态园局部景观效果图

计 划 单

<table>
<tr><td>学习领域</td><td colspan="4">园林规划设计</td></tr>
<tr><td>学习情境7</td><td colspan="2">观光农业园（区）规划设计</td><td>学时</td><td>4</td></tr>
<tr><td>计划方式</td><td colspan="4">小组成员团队合作共同制订工作计划</td></tr>
<tr><td>序号</td><td colspan="2">实施步骤</td><td colspan="2">使用资源</td></tr>
<tr><td>1</td><td colspan="2">调查当地的气候、土壤、地质条件等自然环境。</td><td colspan="2"></td></tr>
<tr><td>2</td><td colspan="2">了解观光农业园（区）周边环境、当地居民生活习惯、当地人文历史情况。</td><td colspan="2"></td></tr>
<tr><td>3</td><td colspan="2">实地考察测量，或者通过其他途径获得现状平面图。</td><td colspan="2"></td></tr>
<tr><td>4</td><td colspan="2">分析各种因素，做出总体方案初步设计。</td><td colspan="2"></td></tr>
<tr><td>5</td><td colspan="2">经推敲，确定总平面图。</td><td colspan="2"></td></tr>
<tr><td>6</td><td colspan="2">绘制其他图纸，包括功能分区规划图、地形设计图、植物种植设计图、建筑小品平面图、立面图、剖面图、局部效果图或总体鸟瞰图等。</td><td colspan="2"></td></tr>
<tr><td>7</td><td colspan="2">编制设计说明书。</td><td colspan="2"></td></tr>
<tr><td>8</td><td colspan="2"></td><td colspan="2"></td></tr>
<tr><td>9</td><td colspan="2"></td><td colspan="2"></td></tr>
<tr><td>10</td><td colspan="2"></td><td colspan="2"></td></tr>
<tr><td>制订计划
说明</td><td colspan="4"></td></tr>
<tr><td rowspan="3">计划评价</td><td>班级：</td><td>第　　组</td><td colspan="2">组长签字：</td></tr>
<tr><td colspan="2">教师签字：</td><td colspan="2">日期：</td></tr>
<tr><td colspan="4">评语：</td></tr>
</table>

材料工具清单

学习领域	园林规划设计						
学习情境7	观光农业园（区）规划设计				学时	2	
项目	序号	名称	作用	数量	型号	使用前	使用后
所用仪器设备	1	经纬仪					
	2	电脑					
	3	打印机					
	4	扫描仪					
	5						
	6						
	7						
所用材料	1	绘图纸					
	2	铅笔					
	3	彩铅					
	4	橡皮					
	5	透明胶					
	6						
所用工具	1	皮尺					
	2	钢卷尺					
	3	小刀					
	4	绘图板					
	5	丁字尺					
	6	比例尺					
	7	三角板					
	8	针管笔					
	9	马克笔					
	10	圆模板					
班级		第　　组		组长签字： 教师签字：			

作 业 单

<table>
<tr><td>学习领域</td><td colspan="4">园林规划设计</td></tr>
<tr><td>学习情境7</td><td colspan="2">观光农业园（区）规划设计</td><td>学时</td><td>16</td></tr>
<tr><td>作业方式</td><td colspan="4">上交一套设计方案（手绘或计算机辅助设计图纸和设计说明）</td></tr>
<tr><td>1</td><td colspan="4">完成当地某待建观光农业园（区）设计</td></tr>
<tr><td colspan="5">一、操作步骤
1. 对观光农业园（区）绿化优秀作品进行分析、学习
2. 进行实训操作动员和设计的准备工作
3. 对初步设计方案进行分析、指导
4. 修改、完善设计方案，并形成相对完整的设计方案。
二、操作方式
1. 采用室外现场参观等形式，对观光农业园（区）景观进行分析、点评
2. 对观光农业园（区）景观设计优秀作品分析讲评
3. 拟定具体的观光农业园（区）建设项目进行方案设计
三、操作要求
所有图纸的图面要求表现力强，线条流畅、构图合理、清洁美观，图例、文字标注、图幅等符合制图规范。设计图纸包括：
1. 观光农业园（区）设计总平面图。表现各种造园要素（如山石水体、园林建筑与小品、园林植物等）。要求功能分区布局合理，植物配置季相鲜明。
2. 透视或鸟瞰图。手绘观光农业园（区）实景，表现绿地中各个景点、各种设施及地貌等。要求色彩丰富、比例适当、形象逼真。
3. 园林植物种植设计图。表示设计植物的种类、数量、规格、种植位置及类型和要求的平面图样。要求图例正确、比例合理、表现准确。
4. 局部景观表现图。用手绘或者计算机辅助制图的方法表现设计中有特色的景观。要求特点突出，形象生动。
另外，设计说明语言流畅、言简意赅，能准确地对图纸补充说明，体现设计意图。</td></tr>
<tr><td rowspan="4">计划评价</td><td colspan="2">班级：</td><td>第　　组</td><td>组长签字：</td></tr>
<tr><td colspan="2">学号：</td><td colspan="2">姓名：</td></tr>
<tr><td>教师签字：</td><td colspan="2">教师评分：</td><td>日期：</td></tr>
<tr><td colspan="4">评语：</td></tr>
</table>

决 策 单

<table>
<tr><td colspan="2">学习领域</td><td colspan="7">园林规划设计</td></tr>
<tr><td colspan="2">学习情境7</td><td colspan="5">观光农业园（区）规划设计</td><td>学时</td><td>8</td></tr>
<tr><td colspan="9">方案讨论</td></tr>
<tr><td rowspan="11">方案对比</td><td>组号</td><td>构思</td><td>布局</td><td>线条</td><td>色彩</td><td>可行性</td><td colspan="2">综合评价</td></tr>
<tr><td>1</td><td></td><td></td><td></td><td></td><td></td><td colspan="2"></td></tr>
<tr><td>2</td><td></td><td></td><td></td><td></td><td></td><td colspan="2"></td></tr>
<tr><td>3</td><td></td><td></td><td></td><td></td><td></td><td colspan="2"></td></tr>
<tr><td>4</td><td></td><td></td><td></td><td></td><td></td><td colspan="2"></td></tr>
<tr><td>5</td><td></td><td></td><td></td><td></td><td></td><td colspan="2"></td></tr>
<tr><td>6</td><td></td><td></td><td></td><td></td><td></td><td colspan="2"></td></tr>
<tr><td>7</td><td></td><td></td><td></td><td></td><td></td><td colspan="2"></td></tr>
<tr><td>8</td><td></td><td></td><td></td><td></td><td></td><td colspan="2"></td></tr>
<tr><td>9</td><td></td><td></td><td></td><td></td><td></td><td colspan="2"></td></tr>
<tr><td>10</td><td></td><td></td><td></td><td></td><td></td><td colspan="2"></td></tr>
<tr><td>方案评价</td><td colspan="4">学生互评：</td><td colspan="4">教师评价：</td></tr>
<tr><td colspan="2">班级：</td><td colspan="2">组长签字：</td><td colspan="3">教师签字：</td><td colspan="2">日期：</td></tr>
</table>

教学反馈单

<table>
<tr><td>学习领域</td><td colspan="4">园林规划设计</td></tr>
<tr><td>学习情境7</td><td>观光农业园（区）规划设计</td><td>学时</td><td colspan="2">4</td></tr>
<tr><td>序号</td><td>调查内容</td><td>是</td><td>否</td><td>理由陈述</td></tr>
<tr><td>1</td><td>你是否明确本学习情境的学习目标？</td><td></td><td></td><td></td></tr>
<tr><td>2</td><td>你是否完成了学习情境的学习任务？</td><td></td><td></td><td></td></tr>
<tr><td>3</td><td>你是否达到了本学习情境的要求？</td><td></td><td></td><td></td></tr>
<tr><td>4</td><td>资讯的问题你都能回答吗？</td><td></td><td></td><td></td></tr>
<tr><td>5</td><td>你是否喜欢这种上课方式？</td><td></td><td></td><td></td></tr>
<tr><td>6</td><td>通过几天的工作和学习，你对自己的表现是否满意？</td><td></td><td></td><td></td></tr>
<tr><td>7</td><td>你对本小组成员之间的合作是否满意？</td><td></td><td></td><td></td></tr>
<tr><td>8</td><td>你认为本学习情境对你将来的学习和工作有帮助吗？</td><td></td><td></td><td></td></tr>
<tr><td>9</td><td>你认为本学习情境还应补充哪些方面的内容？</td><td></td><td></td><td></td></tr>
<tr><td>10</td><td>本学习情境学习后，你还有哪些问题不明白？哪些问题需要解决？</td><td></td><td></td><td></td></tr>
<tr><td colspan="5">你的意见对改进教学非常重要，请写出你的建议和意见：</td></tr>
<tr><td colspan="2">被调查人姓名：</td><td colspan="3">调查时间：</td></tr>
</table>